丛书总主编：孙鸿烈　于贵瑞　欧阳竹　何洪林

中国生态系统定位观测与研究数据集

草地与荒漠生态系统卷

内蒙古鄂尔多斯站

（2004—2006）

董　鸣　主编

中国农业出版社

图书在版编目（CIP）数据

中国生态系统定位观测与研究数据集．草地与荒漠生态系统卷．内蒙古鄂尔多斯站：2004～2006／孙鸿烈等主编；董鸣分册主编．—北京：中国农业出版社，2011.12

ISBN 978-7-109-16240-2

Ⅰ.①中…　Ⅱ.①孙…②董…　Ⅲ.①生态系-统计数据-中国②草地-生态系-统计数据-鄂尔多斯市-2004～2006③荒漠-生态系-统计数据-鄂尔多斯市-2004～2006　Ⅳ.①Q147②S812③P942.262.73

中国版本图书馆 CIP 数据核字（2011）第 228755 号

中国农业出版社出版

（北京市朝阳区农展馆北路 2 号）

（邮政编码 100125）

责任编辑　刘爱芳　李昕昱

中国农业出版社印刷厂印刷　　新华书店北京发行所发行

2011 年 12 月第 1 版　　2011 年 12 月北京第 1 次印刷

开本：889mm×1194mm　1/16　　印张：4

字数：92 千字

定价：40.00 元

（凡本版图书出现印刷、装订错误，请向出版社发行部调换）

中国生态系统定位观测与研究数据集

丛书编委会

中国生态系统定位观测与研究数据集
草地与荒漠生态系统卷·内蒙古鄂尔多斯站

编委会

[序 言]

随着全球生态和环境问题的凸显，生态学研究的不断深入，研究手段正在由单点定位研究向联网研究发展，以求在不同时间和空间尺度上揭示陆地和水域生态系统的演变规律、全球变化对生态系统的影响和反馈，并在此基础上制定科学的生态系统管理策略与措施。自20世纪80年代以来，世界上开始建立国家和全球尺度的生态系统研究和观测网络，以加强区域和全球生态系统变化的观测和综合研究。2006年，在科技部国家科技基础条件平台建设项目的推动下，以生态系统观测研究网络理念为指导思想，成立了由51个观测研究站和一个综合研究中心组成的中国国家生态系统观测研究网络（National Ecosystem Research Network of China，简称CNERN）。

生态系统观测研究网络是一个数据密集型的野外科技平台，各野外台站在长期的科学研究中，积累了丰富的科学数据，这些数据是生态学研究的第一手原始科学数据和国家的宝贵财富。这些台站按照统一的观测指标、仪器和方法，对我国农田、森林、草地与荒漠、湖泊湿地海湾等典型生态系统开展了长期监测，建立了标准和规范化的观测样地，获得了大量的生态系统水分、土壤、大气和生物观测数据。系统收集、整理、存储、共享和开发应用这些数据资源是我国进行资源和环境的保护利用、生态环境治理以及农、林、牧、渔业生产必不可少的基础工作。中国国家生态系统观测研究网络的建成对促进我国生态网络长期监测数据的共享工作将发挥极其重要的作用。为切实实现数据的共享，国家生态系统观测研究网络组织各野外台站开展了数据集的编辑出版工作，借以对我国长期积累的生态学数据进行一次系统的、科学的整理，使其更好地发挥这些数据资源的作用，进一步推动数据的共享。

为完成《中国生态系统定位观测与研究数据集》丛书的编纂，CNERN综合研究中心首先组织有关专家编制了《农田、森林、草地与荒漠、湖泊湿地海湾生态系统历史数据整理指南》，各野外台站按照指南的要求，系统地开展了数据整理与出版工作。该丛书包括农田生态系统、草地与荒漠生态系统、森林生态系统以及湖泊湿地海湾生态系统共4卷、51册，各册收集整理了各野外台站的元数据信息、观测样地信息与水分、土壤、大气和生物监测信息以及相关研究成果的数据。相信这一套丛书的出版将为我国生态系统的研究和相关生产活动提供重要的数据支撑。

孙鸿烈

2010年5月

前 言

鄂尔多斯高原（Ordos Plateau）位于蒙古高原西南部，其西、北、东三面为黄河包绕，是蒙古戈壁与黄土高原之间的一片沙地。作为温带森林—草原—荒漠的过渡带，鄂尔多斯高原复杂多变的地理地带、气候、地质、地貌、土壤、植被、生物区系、社会生产方式及文化特点，决定了该地区在生态、经济和社会方面的多样性，也意味着它在环境和生态方面的脆弱与敏感性，很容易受到人类活动和自然扰动的影响而产生土地退化和荒漠化。鄂尔多斯高原原本是被本氏针茅（Stipa bungeana）为优势种的草原植被所覆盖的沙质草原，由于长期的放牧，樵采与垦殖等人类活动而引起的风沙流动导致的荒漠化过程而形成了流沙遍地、沙丘涌起的沙地景观。毛乌素沙地是我国荒漠化最严重的地区之一，我国最大的能源基地东胜—神府煤田就位于该区的东部，矿区的开发导致了更加严重的环境问题。另一方面，鄂尔多斯高原曾经是水草丰美的优良草场，具有较大的生产潜力，但当地生产力水平低下，农牧林业生产力不高，或未能充分发挥，亟需科学技术的推动。

鉴于鄂尔多斯高原在科学研究及国民经济发展方面的重要性，中国科学院植物研究所于 1991 年建立了鄂尔多斯沙地草地生态研究站，其主要目的就是对鄂尔多斯高原的环境进行长期监测，从各个层次上对草地沙化产生、存在及演化的机理进行深入研究，为地区经济持续发展、荒漠化防治与环境治理提供理论基础和试验示范。

生态站于 1991 年 12 月由中国科学院植物研究所与内蒙古伊克昭盟（现为鄂尔多斯市）共同建立的。目前，生态站包括两个研究基地：石灰庙基地（建于 1991 年）和石龙庙基地（建于 1995 年）。早在 1986 年生态站的研究人员就开始了有关的研究工作。这些工作包括野外调查研究、植物生理生态研究、土壤—植物—大气连续体（SPAC）的研究。生态站正式成立以后，对植物水分生理生态、SPAC的研究更加深入。为了更好地开展矿区开发、荒漠化治理和扩大试验示范规模，从1995年开始了靠近矿区的石龙庙基地的建设，1996年完工。整个试验基地的设计按半干旱区荒漠化土地治理与持续利用的“三圈”模式理论设计。根据毛乌素沙地具有沙丘、梁地与滩地相间环状分布的景观结构，结合各景观元素不同的生态特点，建立沙地绿色工程的“三圈”模式。

自建站以来，鄂尔多斯生态站已完成30多项国家级科研项目和国际合作研究项目，在生态环境监测、科学示范、人才培养和国际合作与交流方面取得一系列的成就，于2003年6月25日正式加入中国生态系统研究网络（CERN）。2005年12月21日，科技部正式批准鄂尔多斯生态站成为国家野外科学观测研究站，开始建设，命名为“内蒙古鄂尔多斯草地生态系统国家野外科学观测研究站”。

在国家科技基础条件平台建设项目“生态系统网络的联网观测研究及数据共享系统建设”的支撑下，为了进一步推动国家野外台站对历史资料的挖掘与整理，强化国家野外台站信息共享系统建设，丰富和完善国家野外台站数据库的内容，中国国家生态系统观测研究网络（CNERN）决定出版《中国生态系统定位观测与研究数据集》丛书。“生态系统网络的联网观测研究及数据共享系统建设”项目组经过多次讨论，组织有关专家编写了《农田、森林、草地与荒漠·湖泊流畅地海湾生态系统历史数据整理指南》（以下简称《指南》），用于指导该丛书的出版。

本数据集为内蒙古鄂尔多斯草地生态系统国家野外科学观测研究站（简称鄂尔多斯站）依据《指南》编撰，以展示鄂尔多斯站长期监测和研究数据，充分发挥其在时间序列定位研究中的宝贵价值为目的，在对鄂尔多斯站的历史数据加以整理和分析的基础上整合合成，内容包括鄂尔多斯站主要数据资源目录、观测场地和样地信息、近年承担水分、土壤、大气和生物监测任务的数据资源目录及示例以及以鄂尔多斯站为依托发表的研究论文目录等。

本数据集由特定区域和生态系统的野外综合观测试验数据集成，主要展示鄂尔多斯站所拥有的数据集种类和数量，供科研院所、大专院校和对相关的研究区域或领域感兴趣的广大科研人员参考和使用。如果您对数据存在疑虑或需要共享其他时间序列的数据，请直接联系鄂尔多斯草地生态系统国家野外观测研究站，或者登录配套建设的“鄂尔多斯站联网观测研究及数据共享网络服务系统”查询，查询网址为ordos. ibcas. ac. cn。

虽然我们已经对共享数据进行了精心的统计计算和校核，力求准确合理，但受多种主客观因素限制，书中错误之处仍在所难免，敬请批评指正！

感谢中国国家生态系统观测研究网络综合研究中心在数据集整编过程中给予的指导和支持！感谢长期以来关心和指导我站观测试验的专家学者！特别感谢长期坚守在科研一线风雨无阻完成各项监测任务的监测人员！他们的无私奉献和辛勤耕耘，才有今天这本数据集的诞生！

编　者

2010年6月

目　录

第一章 引言

1.1 台站简介

1.1.1 历史沿革

中国科学院内蒙古鄂尔多斯沙地草地生态研究站（以下简称鄂尔多斯站）是中国生态系统研究网络（CERN）研究站（于2003年6月正式加入），其前身“中国科学院植物研究所内蒙古伊克昭盟鄂尔多斯沙地草地生态研究站”由中国科学院植物研究所与内蒙古伊克昭盟（现为内蒙古鄂尔多斯市）共建于1990年，鄂尔多斯生态站于2005年12月被科技部批准为国家站，并命名为“内蒙古鄂尔多斯草地生态系统国家野外科学观测研究站”。

1.1.2 地理位置

鄂尔多斯生态站的站区地理位置为东经110°11′29.4″，北纬39°29′37.6″，海拔1 300 m；地处鄂尔多斯高原，位于内蒙古自治区鄂尔多斯市伊金霍洛旗境内。

1.1.3 自然环境

鄂尔多斯高原位于内蒙古高原的西南面，其西、北、东三面为黄河所包绕，东南部以古长城为界与陕北黄土高原相接，面积12万余km^2。

鄂尔多斯高原位于温带季风区西缘，年平均气温6～8℃，1月平均气温－14～－8℃，7月平均气温22～24℃，年均降水量150～500mm，集中于7～9月，降水变率大，自东南向西北愈趋干旱，降水自东南缘450～520mm，依次下降到西北缘的150mm以下，干燥度由4.0增至16.0。风向除西南部全年以偏西风为主外，冬天以西北风为主，夏天以东南风和西南风为主。无霜期130～170d，10℃以上活动积温2 500～3 200℃。

鄂尔多斯高原位于鄂尔多斯台向斜的北部，包括东胜台凸全部和陕北台凹的北部，均为华北台块的稳定部分。全区除桌子山外，岩层基本水平，中生代沉降形成向斜盆地，沉积较厚的中生代砂岩、砂砾岩、页岩，西部有第三纪红色砂岩。第四纪以来各地有不同幅度的上升。鄂尔多斯流沙和“巴拉”（蒙古语的固定、半固定沙丘）分布广泛。高原东部属栗钙土干草原地带，西部属棕钙土半荒漠地带。

鄂尔多斯高原东部为准格尔黄土丘陵沟壑区，分布有典型草原；西部为桌子山低山缓坡和鄂托克高地，分布有典型草原、荒漠草原和草原化荒漠；北部的库布齐沙漠，面积约2万km^2，是我国最东的沙漠，分布有草原化荒漠和荒漠植被；南部的毛乌素沙地，面积约4万km^2，是我国最西的沙地，分布有以油蒿为主的沙地灌草植被。

鄂尔多斯高原复杂多变的地理地带、气候、地质、地貌、土壤、植被、生物区系、社会生产方式及文化特点，决定了该地区在生态、经济和社会方面的多重交错带性质，也解决了它在环境和生态方面的脆弱与敏感性，很容易受到人类活动和自然干扰的影响而产生土地退化和荒漠化。

1.2 研究方向

1.2.1 重要研究领域与方向

1.2.1.1 鄂尔多斯草地生态系统与全球变化：研究全球变化背景下鄂尔多斯草地生态系统演替规律；研究鄂尔多斯草地生态系统结构与功能对全球变化的响应、适应与减缓

鄂尔多斯草地是内蒙古高原的主体，也是一个具有鲜明特征的地理单元。另一方面，全球变化是全人类共同面临的挑战，其影响已经遍及地球系统的任何角落。因此，研究鄂尔多斯草地生态系统与全球变化的相互关系不仅可以丰富地球系统科学，而且对区域可持续发展具有重要意义。主要研究内容包括：人类活动强烈作用下陆地生态系统的过程变化及其对全球变化的多尺度反应机理，探讨陆地生态系统适应和减缓全球变化影响的对策与生态安全模式；区域和局部尺度的生物地球化学循环，尤其是草原生态系统中重要生命元素（C、N、P、S）的生物地球化学循环和植物计量化学等；利用稳定性同位素，结合其他先进技术如控制实验、涡度相关和机制模型，研究全球环境变化影响下的草地生态系统的生理过程，尤其是D、13C、15N、18O等稳定性同位素在生态系统过程中的作用与功能；生物多样性功能，生物多样性变化机制；通过综合分析、集成和模拟为主要手段，以探索不同时空尺度上植被的结构和功能（净第一性生产力和碳储量）与环境要素相互关系为突破口，深入研究植被/生态系统演变特征及其与环境要素间的互作机制。研究全球变化背景下鄂尔多斯高原生态系统演替规律；研究鄂尔多斯高原生态系统结构与功能对全球变化的响应、适应与减缓。

1.2.1.2 鄂尔多斯草地生态系统恢复与生态环境综合整治：研究退化生态系统恢复/重建机理、途径；研究干旱半干旱区防沙治沙和生态环境综合整治的模式和试验示范

鄂尔多斯高原是一个多层次（包括地质、土壤、大气、社会经济、生存方式等）的过渡带，对环境变化非常敏感、脆弱。由于日益强烈的人为活动，鄂尔多斯高原在自然和人为双重驱动下，该区域已经受到不同程度的损害。这些变化已经并将继续深刻影响该区域的生存环境和人类福祉。因此，退化生态系统的恢复重建和生态环境综合治理是实现区域可持续发展的迫切需要。主要研究内容包括：生态系统现状的区域评价；植物的濒危机制与保护对策；退化生态系统受损机理、恢复重建途径，受威胁植物迁地保护及受损生态系统的修复；农牧交错带生态系统生产力形成的过程与农牧业可持续发展的优化范式；资源开发对生态环境造成的各种效应；转基因植物释放的安全；生态区划和区域生态系统管理模式。研究退化生态系统恢复/重建机理、途径；研究干旱半干旱区防沙治沙和生态环境综合整治的模式和试验示范。

1.2.1.3 区域资源合理利用与可持续发展：研究区域资源，尤其是古地中海区系灌木的生物多样性资源，探讨生物多样性保育和资源合理利用的途径；研究区域可持续发展的优化生态—生产范式

研究鄂尔多斯高原生物多样性的生态系统功能；鄂尔多斯生物多样性的长期监测与变化机制；重要植物，特别是灌木的濒危机制与保护对策；利用鄂尔多斯“灌木王国”特有的丰富、优良的野生灌木资源建立我国干旱、半干旱区独特的灌木种质资源与活基因库，为种质资源基因保存、科学研究与生产服务。生物多样性大尺度格局及其形成机制。用“三圈模式”的理论框架，在保证区域水分平衡的基础上，通过水分再分配调控和其他相关的技术措施，生物多样性保育和资源合理利用的途径，达到恢复沙地植被和改善区域生态环境，实现可持续发展的目标。

1.2.1.4 植物综合适应对策与群落优化配置：研究克隆植物和灌木的综合适应对策；探讨鄂尔多斯高原生物群落的优化时空配置格局

研究鄂尔多斯高原干旱半干旱区生态系统中优势植物，尤其是克隆植物和灌木的适应对策；不同尺度上植物种群对变化环境的适应，植物入侵与克隆植物的关系；植物功能型与区域气候变化、植被动态、土地利用的关系。以鄂尔多斯高原不同生态系统中不同类型的优势植物为对象，通过研究他们

形态、结构、生理、生长、发育、繁殖、更新和生活史特征以及各自对环境异质性的反应格局，着重揭示植物利用环境异质性的综合性生态适应对策和探讨植物对策与植物类型和生境类型（尤其是环境异质性类型）的关系。根据地形、地貌、土壤水分状况，进行植物物种时空配置及鄂尔多斯高原生物群落的优化时空配置格局的探讨与规划。

1.2.2 近期研究重点及其优先主题

1.2.2.1 克隆生活史性状对乡土植物适应生境异质性的贡献

研究异质生境下重要克隆植物的克隆整合策略、空间构型与觅食行为，植物生活史特征及资源分配策略并以分子生物学手段揭示植物适应与进化的分子机理以及克隆植物的适应进化策略对生态系统结构与功能的影响。

1.2.2.2 沙漠化环境中乡土植物的种子生态学对策及其分子机理

研究种子萌发和幼苗出土过程中对沙丘环境的适应对策，包括对土壤温度、湿度等生态因子作用的响应，以及种子本身的大小以及贮藏物与萌发和幼苗出土的关系；在分子水平上揭示标志种子活力程度的种胚 DNA 片段的完整性对以水分为主要限制因子的荒漠环境的特殊适应关系；幼苗在沙丘上建成和定居过程中对沙丘运动—沙埋和沙蚀胁迫的适应机制。

1.2.2.3 植物风生态学

风致机械摇摆对植株力学特征和生活史性状的影响及其环境修饰；生物对环境的实验是生态学和进化生物学研究的核心命题。在我国北方干旱区，除水分的极端重要性外，风的生态效应也是不容忽视的一个问题。例如，强风常常出现在冬季和春季；在这期间，降水量非常少，通常不到全年降水量的 30%。因此，强风和水分常常表现为时间上的负相关。这种现象引申出一个有趣的问题，植物如何适应低水分、强风环境。然而，风的直接效应最突出的表现为机械晃动。因此，研究干旱区植物对机械胁迫的反应有助于理解这些植物对多风干旱生境的适应策略。风致植株机械摇摆的种群和群落生态学效应；至今，植物风生态学的研究主要集中在个体和生理水平，对种群和群落水平风生态学效应的研究非常稀少。而这方面的有限研究又集中在海岸带地区，对内陆化生态系统的相关研究依然还是一个空白。既然风是一个不可忽视的生态要素，那么开展这方面的研究对理解自然植被的形成和人工植被建设都具有非常重要的理论和实践价值。

1.2.2.4 植物适应干旱、盐渍、（氮磷）贫瘠的生理生化过程与分子机理，蛋白质组学研究（蛋白质、离子、代谢）

分析干旱胁迫下主要植物基因的差异表达、逆境相关基因甄别与表达蛋白的功能；盐渍化生境胁迫下离子跨膜运输、信号转导的功能基因筛选、定位与克隆表达；N、P 贫瘠环境中相关抗逆性基因及其蛋白间的信号转导和网络调控；胁迫环境中植物的生理响应阈值；干旱生境下主要生源要素代谢规律及其对植物生产的调控；水热联合胁迫下植物综合抗逆性机理。

1.2.2.5 水分、养分及其耦合对群落植物组配（Plant Assembly）的影响

一方面，水分是北方干旱区生态系统中最核心的要素，其时空格局对植物群落的过程和格局产生深刻的影响。例如，水分直接影响群落多度和盖度（或生产力）。另一方面，植物群落也深刻影响土壤水分和养分的可利用性，尤其是土壤养分的可利用性。例如，植物群落决定每年向土壤中归还的凋落的数量和质量，影响养分循环过程；植物群落能改变局部环境中的水分平衡关系。此外，土壤中的水分和养分运移常常是相伴发生的。因此，将三者耦合起来开展研究对全面认识干旱区生态系统的过程和功能具有非常重要的意义。所以，在整个干旱区、水分是生态系统的核心，养分是关键，植被是两者的综合体系并反馈于两者。

1.2.2.6 群落植物组配的水文学效应

生态设计是现代生态学研究的最突出特点之一，因为它面向真实的生态系统而服务于人类福祉。

生态设计是基于不同情景和背景的退化生态系统回复重建的核心，这方面的研究已经成为国际生态学研究的一个前沿和焦点。降水形式、降水强度以及降水时间对陆表水过程产生深刻影响，地表特征对陆表水过程也具有重要的修饰作用。降水变异性决定陆地植被—水分过程和植物水分代谢的各个环节，并在一定程度上起着塑造植物适应类型及决定干旱区植物群落组成的作用。独立降雨事件的大小、发生频率和发生时间对干旱地区生态系统的生物学效应倍受关注。未来气候可能以更大的极值和更不稳定的波动为特征，伴随着对年际和季节内降水变异性的潜在影响。人类活动和气候变化的双重影响决定了降水变异性对陆表水过程产生日愈广泛的影响，进而影响到干旱生态系统的动态。

1.2.2.7 植被—水分过程的联网研究

联网研究是国际生态学研究的一个大趋势，在世界上已经有很多成功的联网研究案例，如长期生态学研究计划、生物多样性及其功能研究计划、全球气候变化研究计划等。中国是世界上受沙漠化危害最为严重的国家之一。在西起塔里木盆地、东至松嫩平原的长达 4 000 多千米的地带上，沙漠化都有不同程度和不同形式的发生。地表植被退化是沙漠化发生的核心标志，而沙漠化防治最根本的途径在于植被的维持与恢复。因此，植被—水分关系是沙漠化防治的核心问题。我国北方干旱区的特点与现实，为研究这一问题提供了得天独厚的平台。研究植被—水分关系始终是北方干旱区研究的核心问题。

1.2.2.8 过去 20 年鄂尔多斯城市化的生态环境效应评价

鄂尔多斯生态站所处的区域已经经历了剧烈的土地利用和土地覆被变化，尤其是“羊煤土气”四大优势资源的发现和开发，使得本已脆弱的高原环境变得更加破碎化。这突出表现为原有城市的快速扩展和新星小城镇的飞速增加。遥感技术的发展和普及，使得研究过去 20 年城市化的生态学效应评价成为可能。这方面的工作可以利用已有的各种可利用航片和卫片资料开展；

1.2.2.9 未来 20 年鄂尔多斯城市化生态效应预测

随着资源的开发利用，鄂尔多斯高原的更多农村人口将成为城市居民。因此，城市化的趋势还将继续，并深刻影响该地区的生态与环境。未来 20 年城市化生态效应的预测研究主要包括：（1）城市人口的增加趋势预测；（2）城市基础建设的趋势预测；（3）城市最适和最大容量估测；（4）城市化的负面影响分析；（5）应对城市化负面效应的有效措施。

1.2.2.10 鄂尔多斯高原生态系统可持续生态重建与设计（生态区划与生态系统服务）

研究区域资源，尤其是古地中海区系特有野生灌木的生物多样性资源，探讨生物多样性保育和资源合理利用的途径；研究区域可持续发展的优化生态—生产范式。半干旱区退化生态系统的退化机理和恢复/重建途径；半干旱区防沙治沙和荒漠化土地的可持续利用模式、区域优化生态—生产范式。

1.2.3 研究成果

主要的学术成果和贡献

- 鄂尔多斯沙化草地恢复重建的“三圈”模式；
- 鄂尔多斯高原不同植物生长对全球变化（主要是对降水和增温变化）的综合反应格局；
- 干旱区生态系统对全球变化响应的动态模拟；
- 沙生植物克隆生长的生态适应性及其在半干旱区沙化生态系统恢复重建中的重要资源价值；
- 不同沙生灌木的生理生态适应性及其在沙化生态系统恢复重建中的重要性。

自建站以来，鄂尔多斯生态站共发表 SCI 和 CSCD 刊物论文共 473 篇，其中 SCI 论文 164 篇。专著 7 部。共培养硕士、博士和博士后 61 人。

1.2.4 合作交流

作为国家野外科学观测研究网台站、中国生态系统网络定位站，鄂尔多斯站以“长期监测、实验示范、创新研究、培育人才、生态为本、和谐发展”为宗旨，在搞好监测、研究与示范工作的同时，加大力度开展国内外大学与研究机构的交流与合作。目前，鄂尔多斯站每年接待包括中国林业科学研究院、农业科学研究院、北京师范大学、南开大学、北京林业大学、中国农业大学、中国科学院地理科学与资源研究所等在内的国内知名研究院所与高校的研究人员来站进行科学研究；与策勒站、阜康站、沙坡头站、内蒙古草原站、奈曼站等兄弟台站建立了稳定的合作联盟；与美国、荷兰、日本、英国、澳大利亚、以色列、新西兰、蒙古等多个国家的学者保持长期合作关系。

与荷兰乌德勒支大学联合培养博士生 2 名，其中李守丽（女）博士研究生（中方导师为董鸣研究员，荷方导师为 Marinus Werger 院士）于 2007—2009 年每年在鄂尔多斯生态站持续开展 5 个月的研究工作，内容涉及杨柴和油蒿种群动态、沙埋对油蒿和杨柴幼苗的影响、动物采食对植物补偿生长的影响等；徐良（男）博士研究生于 2009 年开始在鄂尔多斯站开展研究工作。

2009 年，鄂尔多斯站与蒙古国植物所进行合作，同时联合策勒站、阜康站、沙坡头站、内蒙古草原站、奈曼站等兄弟台站，启动了水氮长期联网实验平台研究。

第二章

数据资源目录

2.1 生物数据资源目录

数据集名称：草地植物名录
数据集摘要：记录鄂尔多斯站的植物种中文名和拉丁名
数据集时间范围：2005—2006 年

数据集名称：草地植物群落种类组成
数据集摘要：记录鄂尔多斯站的植物群落的种类组成、株丛数、叶层平均高度及植被盖度
数据集时间范围：1996—2006 年

数据集名称：草地植物群落特征
数据集摘要：记录草地生态站植物群落数量特征，包括植物种数、密度、优势种叶层高度和总盖度
数据集时间范围：1996—2006 年

数据集名称：草地植物物候观测
数据集摘要：记录草地生态站植物种的物候特征，包括植物种数、密度、优势种叶层高度和总盖度
数据集时间范围：1996—2006 年

数据集名称：生物分析方法
数据集摘要：记录鄂尔多斯站生物数据获取所采用的方法，包括表名称、分析项目名称、分析方法名称及参照的国标名称
数据集时间范围：1996—2006 年

2.2 土壤数据资源目录

数据集名称：土壤交换量
数据集摘要：记录鄂尔多斯站各观测场不同深度的土壤交换量值，包括交换性盐基总量、交换性酸总量、交换性钙离子、交换性镁离子、交换性氢和阳离子交换量
数据集时间范围：1996—2006 年

数据集名称：土壤养分含量

数据集摘要： 记录鄂尔多斯站各观测场不同深度的土壤养分含量，包括土壤有机质、全氮、速效氮、有效磷、速效钾、缓效钾和 pH

数据集时间范围： 1996—2006 年

数据集名称： 土壤矿质全量

数据集摘要： 记录鄂尔多斯站各观测场不同深度的土壤矿质全量，包括 SiO_2、Fe_2O_3、MnO、TiO_2、Al_2O_3、CaO、MgO、K_2O、Na_2O、P_2O_5、LOI 和 S 的含量

数据集时间范围： 2004—2006 年

数据集名称： 土壤微量元素和重金属元素

数据集摘要： 记录鄂尔多斯站各观测场不同深度的土壤微量元素和重金属元素含量，包括全硼、全钼、全锰、全锌、全铜、全铁、镉、铅、铬、镍、汞、砷、硒、钴的含量

数据集时间范围： 2004—2006 年

数据集名称： 土壤机械组成

数据集摘要： 记录鄂尔多斯站各观测场不同深度的土壤机械组成，包括土壤质地名称、2～0.05mm、0.05～0.002mm 和<0.002mm 的颗粒含量

数据集时间范围： 1996—2006 年

数据集名称： 土壤容重

数据集摘要： 记录鄂尔多斯站各观测场不同深度的土壤容重

数据集时间范围： 1996—2006 年

数据集名称： 土壤理化分析方法

数据集摘要： 记录鄂尔多斯站获取土壤数据的理化分析方法，包括表名称、分析项目名称、分析方法名称及参照国标号

数据集时间范围： 1996—2006 年

2.3 水分数据资源目录

数据集名称： 土壤含水量

数据集摘要： 记录鄂尔多斯站 0～150cm 深度每隔 10cm 的土壤含水量月变化动态

数据集时间范围： 2004—2006 年

数据集名称： 地表水、地下水水质状况

数据集摘要： 记录鄂尔多斯站每年的地表水、地下水水质状况，包括 pH、钙离子含量、镁离子含量、钾离子含量、钠离子含量、碳酸根离子含量、重碳酸根离子含量、氯化物含量、硫酸根离子含量、硝酸根离子含量、矿化度、总氮和总磷含量

数据集时间范围： 2004—2006 年

数据集名称： 地下水位记录

数据集摘要： 记录鄂尔多斯站每 5d 的地下水位变化动态

数据集时间范围：2004—2006 年

数据集名称：雨水水质状况
数据集摘要：记录鄂尔多斯站每月降雨的水质状况，包括 pH、矿化度、硫酸根及非溶性物质总含量
数据集时间范围：2004—2006 年

数据集名称：水质分析方法
数据集摘要：记录鄂尔多斯站水分数据获取所采用的方法，包括分析项目名称、分析方法名称及参照国标名称
数据集时间范围：2004—2006 年

2.4 气象数据资源目录

数据集名称：温度
数据集摘要：记录鄂尔多斯站自动观测温度月值，包括月平均值、月平均最大值、月平均最小值、月极大值、极大值日期、月极小值和极小值日期
数据集时间范围：2004—2006 年

数据集名称：湿度
数据集摘要：记录鄂尔多斯站自动观测湿度月值，包括月平均值、月平均最小值、月极小值和极小值日期
数据集时间范围：2004—2006 年

数据集名称：气压
数据集摘要：记录鄂尔多斯站自动观测气压月值，包括月平均值、月平均最大值、月平均最小值、月极大值、极大值日期、月极小值和极小值日期
数据集时间范围：2004—2006 年

数据集名称：降水
数据集摘要：记录鄂尔多斯站自动观测降水月值，包括月合计、最高降水量和日最大值出现时间
数据集时间范围：2004—2006 年

数据集名称：风速
数据集摘要：记录鄂尔多斯站自动观测风速月值，包括月平均风速、月最多风向、月最大风速、最大风风向、最大风出现日期和最大风出现时间
数据集时间范围：2004—2006 年

数据集名称：地表温度
数据集摘要：记录鄂尔多斯站自动观测地表温度月值，包括月平均值、月平均最大值、月平均最小值、月极大值、极大值日期、月极小值和极小值日期
数据集时间范围：2004—2006 年

数据集名称：总辐射
数据集摘要：记录鄂尔多斯站每月自动观测总辐射
数据集时间范围：2004—2006 年

数据集名称：反射辐射
数据集摘要：记录鄂尔多斯站自动观测反射辐射月值
数据集时间范围：2004—2006 年

数据集名称：紫外辐射
数据集摘要：记录鄂尔多斯站自动观测紫外辐射月值
数据集时间范围：2004—2006 年

数据集名称：净辐射
数据集摘要：记录鄂尔多斯站自动观测净辐射月值
数据集时间范围：2004—2006 年

数据集名称：光合有效辐射
数据集摘要：记录鄂尔多斯站自动观测光合有效辐射月值
数据集时间范围：2004—2006 年

数据集名称：日照时数
数据集摘要：记录鄂尔多斯站每月自动观测日照时数
数据集时间范围：2004—2006 年

第三章

观测场和采样地

3.1 概述

鄂尔多斯生态站按照观测规范共设有 6 个观测场，12 个采样地（见表 3－1），各个观测场的空间位置图见图 3－1。各观测场地状况稳定、维护良好。

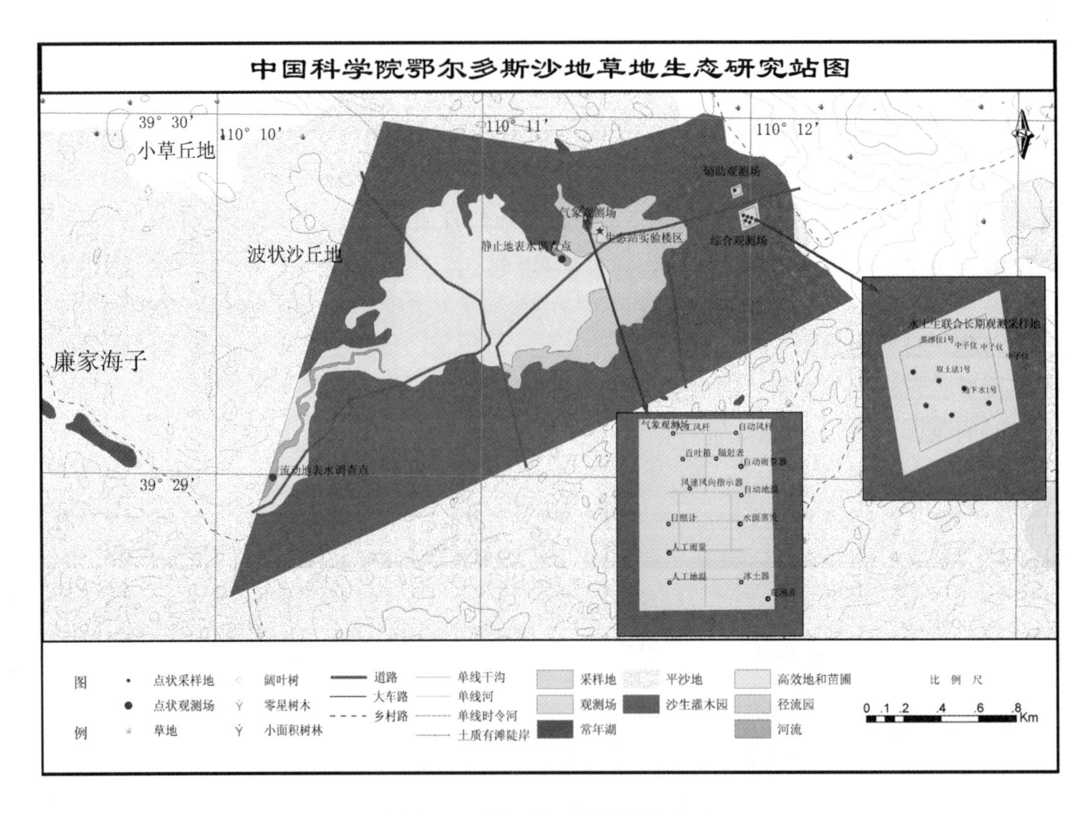

图 3－1 鄂尔多斯站样地分布图

表 3－1 鄂尔多斯生态站站观测场、观测点一览表

样地序号	观测场名称	观测场代码	采样地名称	采样地代码
1	鄂尔多斯站综合观测场	ESDZH01	鄂尔多斯站综合观测场水土生联合长期观测采样地	ESDZH01ABC _ 01
2	鄂尔多斯站综合观测场	ESDZH01	鄂尔多斯站综合观测场取土法 1 号	ESDZH01CHG _ 01
3	鄂尔多斯站综合观测场	ESDZH01	鄂尔多斯站综合观测场地下水 1 号	ESDZH01CDX _ 01
4	鄂尔多斯站综合观测场	ESDZH01	鄂尔多斯站综合观测场蒸渗仪 1 号观测采样地	ESDZH01CZS _ 01

（续）

样地序号	观测场名称	观测场代码	采样地名称	采样地代码
5	鄂尔多斯站综合观测场	ESDZH01	鄂尔多斯站综合观测场中子仪 1 号观测采样地	ESDZH01CTS _ 01
6	鄂尔多斯站综合观测场	ESDZH01	鄂尔多斯站综合观测场中子仪 2 号观测采样地	ESDZH01CTS _ 01
7	鄂尔多斯站综合观测场	ESDZH01	鄂尔多斯站综合观测场中子仪 3 号观测采样地	ESDZH01CTS _ 01
8	鄂尔多斯站气象观测场	ESDQX01	鄂尔多斯站气象观测场地下水位观测点	ESDQX01CDX _ 01
9	鄂尔多斯站气象观测场	ESDQX01	鄂尔多斯站气象观测场雨水水质 1 号取水点	ESDQX01CYS _ 01
10	鄂尔多斯站气象观测场	ESDQX01	鄂尔多斯站气象观测场小型蒸发皿 E601	ESDQX01CZF _ 01
11	鄂尔多斯站辅助观测场	ESDFZ01	鄂尔多斯站辅助观测场土壤生物长期观测采样地	ESDFZ01ABO _ 01
12	鄂尔多斯站流动地表水调查点	ESDFZ10	鄂尔多斯站流动地表水调查点	ESDFZ10CLB _ 01

3.2 观测场介绍

3.2.1 综合观测场（ESDZH01）

鄂尔多斯站综合观测场（110°12′1.78″~110°12′3.18″E，39°29′43.70″~39°29′46.76″N）面积为 $110 \times 110\ m^2$，正方形。植被类型为以油蒿（*Artemisia ordosica*）为主的灌丛植被（天然植被），主要植物种类包括：油蒿、羊柴（*Hedysarum laeve*）、沙柳（*Salix psammophyla*）、花棒（*Hedysarum scoparium*）、达乌里胡枝子（*Lespedeza davurica*）等灌木和半灌木；刺藜（*Chenopodium*

图 3-2 鄂尔多斯生态站综合观测场

aristatum）、地锦（*Euphorbia humifusa*）、女娄菜（*Vaccaria segetalis*）、金色狗尾草（*Setaris glauca*）、细叶苦荬菜（*Ixeris gracilis*）、糙隐子草（*Cleistogenes squarrosa*）、硬质早熟禾（*Poa sphondylodes*）等草本植物，植被盖度近 60%。土壤类型为风沙土。于 2004 年春天以网围栏进行围封保护，其周边环境均为固定和半固定沙丘。所选样地的沙丘起伏平缓，所分布的植被均匀。有野生动物，如野兔，野鸡，蜥蜴等动物活动。综合观测场内设置了水土生联合长期观测采样地（ESDZH01ABC _ 01）、取土法 1 号观测采样地（ESDZH01CHG _ 01）、鄂尔多斯站综合观测场地下水 1 号观测采样地（ESDZH01CDX _ 01）、鄂尔多斯站综合观测场蒸渗仪 1 号观测采样地（ESDZH01CZS _ 01）、鄂尔多斯站综合观测场中子仪观测采样地（ESDZH01CTS _ 01）

3.2.2 气象观测场（ESDQX01）

鄂尔多斯站气象观测场（110°11.419′～110°11.439′E，39°29.674′～39°29.694′ N，H 1280m）面积为 25×35m²，观测场周围视野开阔，没有遮挡视线和气流的障碍物。观测场内主要植物有：油蒿（*Artemisia ordosica*）、羊柴（*Hedysarum laeve*）、沙柳（*Salix psammophyla*）、糙隐子草（*Cleistogenes squarrosa*）、画眉草（*Eragrostis poaeoides*）、刺藜（*Chenopodium aristatum*）等。内设自动观测和人工观测仪器各一套，自动观测项目包括：降水、风速风向、辐射（太阳辐射、地球辐射、净辐射、紫外辐射、全辐射）、地温、气压、空气温度及湿度、日照时数、蒸发等。人工观测项目包括：气压、空气温度和湿度、风速风向、降水、雪、蒸发、日照、地温、冻土以及天气现象。设置了鄂尔多斯站气象观测场地下水位观测点（ESDQX01CDX _ 01）、鄂尔多斯站气象观测场雨水水质 1 号取水点（ESDQX01CYS _ 01）、鄂尔多斯站气象观测场中子仪观测点（ESDQX01CTS _ 01）以及鄂尔多斯站气象观测场小型蒸发皿 E601（ESDQX01CZF _ 01）。

图 3-3 鄂尔多斯生态站气象观测场

3.2.3　辅助观测场（ESDFZ01）

鄂尔多斯站辅助观测场（110°12′1.78″～110°12′3.18″E，39°29′43.70″～29′46.76″N）面积为 50 × 50 m^2，正方形。植被类型为以油蒿（Artemisia ordosica）为主的灌丛植被（天然植被），主要植物种类包括：油蒿、羊柴（*Hedysarum laeve*）、沙柳（*Salix psammophyla*）、花棒（*Hedysarum scoparium*）、达乌里胡枝子（*Lespedeza davurica*）等灌木和半灌木；刺藜（*Chenopodium aristatum*）、地锦（*Euphorbia humifusa*）、女娄菜（*Vaccaria segetalis*）、金色狗尾草（*Setaris glauca*）、细叶苦荬菜（*Ixeris gracilis*）、糙隐子草（*Cleistogenes squarrosa*）、硬质早熟禾（*Poa sphondylodes*）等草本植物，植被盖度近 40%。土壤类型为风沙土。于 2004 年春天设置，未采取封育措施。其周边环境均为固定和半固定沙丘。所选样地的沙丘起伏平缓，所分布的植被均匀。有野生动物，如野兔活动，野鸡，蜥蜴等动物。辅助观测场内设置了土壤生物长期观测采样地（ESDFZ01ABO_01）。

图 3-4　鄂尔多斯生态站辅助观测场

3.2.4　鄂尔多斯站流动地表水调查点（ESDFZ10）

鄂尔多斯站流动地表水调查点（110°10′12.91″E，39°28′53.60″N，H 1270m）位于鄂尔多斯市伊金霍洛旗内的考考赖沟河的上游，面积为 5× 5m^2，正方形。小河具有长流地表水，河岸植物主要是人工种植的箭杆杨（*Populus nigra* var. *thevestina*）和沙柳（*Salix psammophila*），河滩植物为鹅绒委陵菜（*Potentilla anserina*）、绶草（*Spirnather sinensis*）等湿生草本植物。植被盖度 80%。土壤类型为风沙土。于 2004 年夏天设置，未采取封育措施。其周边环境均为固定和半固定沙丘。有野生动物活动，如野兔，野鸡，蜥蜴等。在小河内设置鄂尔多斯站流动地表水调查点（ESDFZ10CLB_01）。

图 3-5　鄂尔多斯生态站流动地表水调查点

第四章

长期监测数据

4.1 生物监测数据

4.1.1 植物名录

表 4-1 植物名录

植物种名	拉丁学名
油蒿	*Artemisia ordosica*
羊柴	*Hedysarum laeve*
达乌里胡枝子	*Lespedeza davurica*
茵陈蒿	*Artemisia capillaris*
蓝刺头	*Echinops gmelinii*
阿尔泰狗哇花	*Heteropappus altaicus*
砂旋覆花	*Inula salsoloides*
苦荬菜	*Ixeris chinensis*
牛心朴子	*Cynanchum komarovii*
地梢瓜	*Cynanchum thesiodes*
角蒿	*Incarvillea sinensis*
女娄菜	*Melandrium apricum*
雾冰藜	*Bassia dasyphylla*
刺藜	*Chenopodium aristatum*
猪毛菜	*Salsola collina*
乳浆大戟	*Euphorbia esula*
地锦	*Euphoribia humifusa*
草木樨状黄芪	*Astragalus melilotoides*
达乌里胡枝子	*Lespedeza davurica*
沙珍棘豆	*Oxytropis psammocharis*
糙隐子草	*Cleistogenes squarrosa*
画眉草	*Eragrostis poaeoides*
白草	*Pennisetum centrasiaticum*
硬质早熟禾	*Poa sphondylodes*
沙鞭	*Psammochloa villosa*
狗尾草	*Setaria viridis*

（续）

植物种名	拉丁学名
本氏针茅	*Stipa bungeana*
细叶益母草	*Leonurus sibiricus*
沙茴香	*Ferula Bungeana*
苔藓	若干种
地衣	若干种

4.1.2 群落种类组成

4.1.2.1 综合观测场

表 4-2 综合观测场群落种类组成

样方面积：5m×5m

年份	植物种名	株（丛）数（株或丛/样方）	叶层平均高度（cm）	盖度（%）
2004	油蒿	42	70	38
2004	羊柴	44	70	28
2004	胡枝子	4	48	1
2004	草木樨	17	70	12
2004	细叶苦荬菜	18	1	1
2004	狗哇花	2	8	0.5
2004	硬质早熟禾	4	75	1
2004	沙珍棘豆	2	3	
2004	隐子草	2	12	
2004	虫实	8	17	5
2004	刺藜		8	2
2004	田旋花	28	32	5
2004	假苇拂子茅	4	90	
2004	狗尾草		4	2
2004	苔藓		2	3
2004	地衣		1	12

4.1.2.2 其他观测场

表 4-3 辅助观测场群落种类组成

样方面积：5m×5m

年份	植物种名	株（丛）数（株或丛/样方）	叶层平均高度（cm）	盖度（%）
2004	油蒿	40	80	45
2004	羊柴	6	30	4
2004	刺藜		10	5

（续）

年份	植物种名	株（丛）数（株或丛/样方）	叶层平均高度（cm）	盖度（%）
2004	虫实	34	28	7
2004	细叶苦荬菜	13	1	1
2004	狗尾草		13	3
2004	地锦	1	0.5	
2004	远志	1	10	
2004	针茅	2	20	
2004	硬质早熟禾	7	75	
2004	画眉草		12	2
2004	女娄菜	3	1	
2004	苔藓			
2004	地衣			

4.1.3　群落特征

4.1.3.1　综合观测场

表 4-4　综合观测场群落特征

年份	月份	植物种数	密度（株或丛/m^2）	优势种叶层高度（cm）	总盖度（%）
2004	10	11	16 000	70	68

4.1.3.2　其他观测场

表 4-5　辅助观测场群落特征

年份	月份	植物种数	密度（株或丛/m^2）	优势种叶层高度（cm）	总盖度（%）
2004	10	10	15 733	70	45

4.1.4　物候观测

4.1.4.1　综合观测场

表 4-6　综合观测场物候观测

年份	植物种名	萌芽期	开花期	结实期	枯黄期
2006	油蒿	2006-03-16	2006-09-15	2006-08-02	2006-10-10
2006	羊柴	2006-05-03	2006-09-02	2006-07-20	2006-09-25
2006	沙柳	2006-03-23	2006-03-20	2006-03-21	2006-09-25
2006	达乌里胡枝子	2006-05-09	2006-08-25	2006-08-25	2006-10-05
2006	柠条	2006-03-19	2006-05-21	2006-05-28	2006-09-25
2006	细枝岩黄芪	2006-05-09	2006-09-03	2006-07-25	2006-09-25
2007	油蒿	2007-03-24	2007-09-10	2007-10-10	2007-10-25

（续）

年份	植物种名	萌芽期	开花期	结实期	枯黄期
2007	羊柴	2007-05-05	2007-09-05	2007-10-25	2007-10-05
2007	沙柳	2007-04-05	2007-03-28	2007-04-02	2007-10-25
2007	达乌里胡枝子	2007-05-05	2007-08-20	2007-09-05	2007-10-05
2007	柠条	2007-03-26	2007-05-20	2007-06-05	2007-10-05
2007	细枝岩黄芪	2007-05-10	2007-09-05	2007-10-25	2007-10-05

4.1.4.2 其他观测场

表4-7 辅助观测场物候观测

年份	植物种名	萌芽期	开花期	结实期	种子散布期	枯黄期
2006	百里香	2006-05-08	2006-05-21	2006-07-21	2006-08-30	2006-09-15
2006	细叶苦荬菜	2006-04-11	2006-04-30	2006-05-25	2006-07-05	2006-09-27
2006	披针叶黄花	2006-05-07	2006-05-15	2006-07-05	2006-08-01	2006-08-30
2006	牛心朴子	2006-05-07	2006-05-15	2006-05-25	2006-08-30	2006-09-15
2007	细叶苦麦菜	2007-04-15	2007-04-30	2007-05-20	2007-07-10	2007-09-30
2007	披针叶黄华	2007-05-05	2007-05-10	2007-07-01	2007-07-30	2007-08-30
2007	小花棘豆	2007-05-07	2007-05-15	2007-07-20	2007-08-30	2007-09-25
2007	百里香	2007-05-07	2007-05-20	2007-07-20	2007-08-30	2007-09-25
2007	牛心朴子	2007-05-07	2007-05-15	2007-06-01	2007-08-30	2007-09-25

4.1.5 分析方法

表4-8 分析方法

表 名 称	分析项目名称	分析方法名称	参照国标名称
荒漠植物群落优势植物和凋落物的元素含量与能值	全碳（g/kg）	重铬酸钾—硫酸氧化法	
荒漠植物群落优势植物和凋落物的元素含量与能值	全氮（g/kg）	凯氏法	
荒漠植物群落优势植物和凋落物的元素含量与能值	全磷（g/kg）	硝酸—高氯酸消煮法，钼锑抗比色法	
荒漠植物群落优势植物和凋落物的元素含量与能值	全钾（g/kg）	硝酸—高氯酸消煮法，火焰光度法	
荒漠植物群落优势植物和凋落物的元素含量与能值	全硫（g/kg）	硝酸—高氯酸消煮法，硫酸钡比浊法	
荒漠植物群落优势植物和凋落物的元素含量与能值	全钙（g/kg）	硝酸—高氯酸消煮法，原子吸收分光光度法	
荒漠植物群落优势植物和凋落物的元素含量与能值	全镁（g/kg）	硝酸—高氯酸消煮法，原子吸收分光光度法	

（续）

表 名 称	分析项目名称	分析方法名称	参照国标名称
荒漠植物群落优势植物和凋落物的元素含量与能值	热值（不去灰分）(kJ/g)	氧弹法	
荒漠植物群落优势植物和凋落物的元素含量与能值	热值（去灰分）(kJ/g)	干灰化法	

4.2　土壤监测数据

4.2.1　土壤交换量

4.2.1.1　综合观测场

表 4－9　综合观测场土壤交换量 1

土壤类型：风沙土　　母质：砂岩　　地形：坡顶　　样品数：12

项目	采样深度 (cm)	交换性盐基总量 (mmol/kg)	交换性酸总量 [mmol H^+/kg+1/3 mmolAl^{3+}/kg]	交换性钙离子 [mmol/kg (1/2Ca^{2+})]	交换性镁离子 [mmol/kg (1/2Mg^{2+})]	交换性氢 [mmol/kg (H^+)]	阳离子交换量 [mmol/kg (+)]
2005	10	2.505 769	0.626 308	0.164 308	0.132 077	28.062 23	2.505 769
2005	0～20	1.729 769	0.379 077	0.141 769	0.143 308	26.174 15	1.729 769

表 4－10　综合观测场土壤交换量 2

土壤类型：风沙土　　母质：砂岩　　地形：中坡　　样品数：5

项目	采样深度 (cm)	交换性盐基总量 (mmol/kg)	交换性酸总量 [mmol H^+/kg+1/3 mmolAl^{3+}/kg]	交换性钙离子 [mmol/kg (1/2Ca^{2+})]	交换性镁离子 [mmol/kg (1/2Mg^{2+})]	交换性氢 [mmol/kg (H^+)]	阳离子交换量 [mmol/kg (+)]
2005	10	7.776 8	0.966 2	0.228	0.266 6	97.060 6	7.776 8
2005	0～20	6.610 2	0.914 8	0.204 8	0.246 4	100.229 2	6.610 2

表 4－11　综合观测场土壤交换量 3

土壤类型：风沙土　　母质：砂岩　　地形：平地　　样品数：6

项目	采样深度 (cm)	交换性盐基总量 (mmol/kg)	交换性酸总量 [mmol H^+/kg+1/3m molAl^{3+}/kg]	交换性钙离子 [mmol/kg (1/2Ca^{2+})]	交换性镁离子 [mmol/kg (1/2mg^{2+})]	交换性氢 [mmol/kg (H^+)]	阳离子交换量 [mmol/kg (+)]
2005	10	14.032 8	0.722 4	0.154 6	0.181 2	62.721 2	14.032 8
2005	0～20	7.658 6	0.444 4	0.134 4	0.212 6	56.478 2	7.658 6

表 4-12 综合观测场土壤交换量 4

土壤类型：风沙土　　母质：砂岩　　地形：固定沙丘　　样品数：10

项目	采样深度 (cm)	交换性盐基总量 (mmol/kg)	交换性酸总量 [mmol H^+/kg+1/3 mmolAl^{3+}/kg]	交换性钙离子 [mmol/kg (1/2Ca^{2+})]	交换性镁离子 [mmol/kg (1/2Mg^{2+})]	交换性氢 [mmol/kg (H^+)]	阳离子交换量 [mmol/kg (+)]
2005	10	13.314 29	0.497 857	0.147 571	0.148 143	55.232 71	13.314 29
2005	0～20	9.184 333	0.580 556	0.127 778	0.176 111	56.505 33	9.184 333

4.2.1.2 其他观测场

表 4-13 辅助观测场土壤交换量 4

土壤类型：风沙土　　母质：砂岩　　地形：坡地　　样品数：20

项目	采样深度 (cm)	交换性盐基总量 (mmol/kg)	交换性酸总量 [mmol H^+/kg+1/3 mmolAl^{3+}/kg]	交换性钙离子 [mmol/kg (1/2Ca^{2+})]	交换性镁离子 [mmol/kg (1/2Mg^{2+})]	交换性氢 [mmol/kg (H^+)]	阳离子交换量 [mmol/kg (+)]
2005	10	6.171 158	0.536 842	0.117 474	0.091 158	51.505 32	6.171 158
2005	0～20	4.589 05	0.408 6	0.101 15	0.088 8	51.604 9	4.589 05

4.2.2 土壤养分

4.2.2.1 综合观测场

表 4-14 综合观测场土壤养分

土壤类型：风沙土　　母质：砂岩　　地形：固定沙丘　　样品数：6

年份	采样深度 (cm)	土壤有机质 (g/kg)	全氮 (N g/kg)	速效氮 (水解氮 (N mg/kg)	有效磷 (P mg/kg)	速效钾 (K mg/kg)	缓效钾 (K mg/kg)	pH (H_2O)
2004	0～10	0		21.525	3.128 333	49.233 33		
2004	10～20	0		15.925	1.095	20.866 67		

表 4-15 综合观测场土壤养分

土壤类型：风沙土　　母质：砂岩　　地形：坡顶　　样品数：12

年份	采样深度 (cm)	土壤有机质 (g/kg)	全氮 (N g/kg)	速效氮 (水解氮 (N mg/kg)	有效磷 (P mg/kg)	速效钾 (K mg/kg)	缓效钾 (K mg/kg)	pH (H_2O)
2005	0～10	2.419	0.072 923	11.065 38	3.660 462	55.845 92	368.195 8	7.968 462
2005	10～20	1.531 154	0.057 769	35.511 54	1.899 692	40.812 69	313.357 3	7.962 308

表 4-16　综合观测场土壤养分

土壤类型：风沙土　母质：砂岩　地形：中坡　样品数：5

年份	采样深度（cm）	土壤有机质（g/kg）	全氮（N g/kg）	速效氮（水解氮（N mg/kg）	有效磷（P mg/kg）	速效钾（K mg/kg）	缓效钾（K mg/kg）	pH（H_2O）
2005	0～10	2.682 6	0.065 4	12.6	1.699 8	93.576 6	528.896 6	8.422
2005	10～20	1.789 2	0.039 4	5.88	1.299 6	70.445 2	517.448 2	8.33

表 4-17　综合观测场土壤养分

土壤类型：风沙土　母质：砂岩　地形：平地　样品数：6

年份	采样深度（cm）	土壤有机质（g/kg）	全氮（N g/kg）	速效氮（水解氮（N mg/kg）	有效磷（P mg/kg）	速效钾（K mg/kg）	缓效钾（K mg/kg）	pH（H_2O）
2005	0～10	5.048	0.147 2	24.85	2.519 4	61.264 6	531.304 6	8.472
2005	10～20	3.596	0.124 6	18.27	0.98	60.357 8	464.105 8	8.512

表 4-18　综合观测场土壤养分

土壤类型：风沙土　母质：砂岩　地形：固定沙丘　样品数：10

年份	采样深度（cm）	土壤有机质（g/kg）	全氮（N g/kg）	速效氮（水解氮（N mg/kg）	有效磷（P mg/kg）	速效钾（K mg/kg）	缓效钾（K mg/kg）	pH（H_2O）
2005	0～10	2.890 556	0.093 667	16.216 67	2.303	46.132 67	474.158	8.3
2005	10～20	2.426 444	0.081 111	11.433 33	1.3	29.799 56	403.194 3	8.404 44

4.2.2.2　其他观测场

表 4-19　辅助观测场土壤养分

土壤类型：风沙土　母质：砂岩　地形：固定沙丘　样品数：6

年份	采样深度（cm）	土壤有机质（g/kg）	全氮（N g/kg）	速效氮（水解氮（N mg/kg）	有效磷（P mg/kg）	速效钾（K mg/kg）	缓效钾（K mg/kg）	pH（H_2O）
2004	0～10			26.6	2.88	45.066 67		
2004	10～20			19.133 33	1.45	21.833 33		

表 4-20　辅助观测场土壤养分

土壤类型：风沙土　母质：砂岩　地形：坡地　样品数：20

年份	采样深度（cm）	土壤有机质（g/kg）	全氮（N g/kg）	速效氮（水解氮（N mg/kg）	有效磷（P mg/kg）	速效钾（K mg/kg）	缓效钾（K mg/kg）	pH（H_2O）
2005	0～10	4.290 45	0.132 9	17.202 6	2.229 7	42.352 35	438.890 9	8.360 5
2005	10～20	2.808 85	0.074 4	19.232 3	0.815	30.671 45	357.273 2	8.418 5

4.2.3 土壤矿质全量

4.2.3.1 综合观测场

表 4-21 综合观测场土壤矿质全量

土壤类型：风沙土　　母质：砂岩

年份	采样深度（cm）	SiO_2（%）	Fe_2O_3（%）	MnO（%）	TiO_2（%）	Al_2O_3（%）	CaO（%）	MgO（%）	K2O（%）	Na_2O（%）	P_2O_5（%）	LOI（烧失量，%）	S（g/kg）
2005	0～10	76.59	1.92	0.04	0.37	12.40	1.43	0.53	2.75	2.96	0.05	1.11	0.07
2005	10～20	76.09	2.54	0.05	0.52	12.19	1.52	0.57	2.63	2.93	0.07	1.13	0.06
2005	20～40	76.22	2.45	0.05	0.50	12.24	1.49	0.61	2.59	2.93	0.07	1.18	0.05
2005	40～60	74.91	2.48	0.05	0.56	12.73	1.47	0.65	2.62	2.88	0.06	1.52	0.12
2005	60～100	71.93	3.44	0.05	0.86	13.83	1.55	0.85	2.69	2.77	0.09	2.12	0.21

4.2.3.2 其他观测场

表 4-22 辅助观测场土壤矿质全量

土壤类型：风沙土　　母质：砂岩　　单位：mg/kg

年份	采样深度（cm）	SiO_2（%）	Fe_2O_3（%）	MnO（%）	TiO_2（%）	Al_2O_3（%）	CaO（%）	MgO（%）	K_2O（%）	Na_2O（%）	P_2O_5（%）	LOI（烧失量，%）	S（g/kg）
2005	0～10	75.23	2.85	0.05	0.57	12	1.69	0.8	2.35	2.79	0.09	2.04	0.07
2005	10～20	78.55	1.76	0.04	0.34	11.57	1.44	0.51	2.58	2.71	0.06	1.21	0.02
2005	20～40	74.01	2.7	0.05	0.49	11.84	2.27	0.98	2.33	2.67	0.1	2.47	0.04
2005	40～60	76.2	1.82	0.04	0.31	11.99	1.6	0.6	2.54	2.82	0.07	1.4	0.04
2005	60～100	77.07	1.9	0.04	0.28	11.74	1.42	0.56	2.6	2.82	0.06	1.17	0.03

4.2.4 土壤微量元素和重金属元素

4.2.4.1 综合观测场

表 4-23 综合观测场土壤微量元素和重金属元素

土壤类型：风沙土　　母质：砂岩　　单位：mg/kg

年份	采样深度（cm）	全硼（B）	全钼（Mo）	全锰（Mn）	全锌（Zn）	全铜（Cu）	全铁（Fe）	镉（Cd）	铅（Pb）	铬（Cr）	镍（Ni）	汞（Hg）	砷（As）	硒（Se）	钴（Co）
2005	0～10	23.40	0.23	271.08	22.19	17.07	13 457.56	0.06	14.04	13.96	3.92	0.00	2.65	0.09	23.40
2005	10～20	22.17	0.26	374.34	23.84	14.35	17 772.38	0.05	15.38	15.31	4.89	0.00	3.13	0.08	22.17
2005	20～40	21.66	0.25	358.85	24.94	10.22	17 165.97	0.07	14.08	18.45	5.33	0.00	2.84	0.10	21.66
2005	40～60	20.69	0.37	356.27	26.49	9.74	17 329.24	0.08	14.32	19.16	7.79	0.00	2.96	0.08	20.69
2005	60～100	21.68	0.72	425.98	43.17	8.58	24 069.68	0.09	14.21	27.71	15.97	0.00	3.39	0.10	21.68

4.2.4.2 其他观测场

表 4-24 辅助观测场土壤微量元素和重金属元素

土壤类型：风沙土 母质：砂岩 单位：mg/kg

年份	采样深度 (cm)	全硼 (B)	全钼 (Mo)	全锰 (Mn)	全锌 (Zn)	全铜 (Cu)	全铁 (Fe)	镉 (Cd)	铅 (Pb)	铬 (Cr)	镍 (Ni)	汞 (Hg)	砷 (As)	硒 (Se)
2005	0～10	22.36	0.27	410.49	34.65	10.19	19 941.45	0.10	15.37	40.81	8.17	0.003	3.74	0.09
2005	10～20	21.72	0.14	271.08	23.25	6.47	12 314.72	0.05	12.89	6.05	3.19	0.001	2.66	0.07
2005	20～40	26.32	0.27	402.74	33.59	10.40	18 891.90	0.07	13.69	37.12	15.31	0.004	4.27	0.08
2005	40～60	24.79	0.11	278.82	23.04	7.72	12 734.54	0.19	12.03	13.58	4.35	0.002	3.80	0.1
2005	60～100	27.34	0.14	278.82	22.70	8.04	13 294.3	0.08	14.03	22.98	7.95	0.005	3.19	0.07

4.2.5 土壤机械组成

4.2.5.1 综合观测场

表 4-25 综合观测场土壤机械组成

土壤类型：风沙土 母质：砂岩

年份	采样深度 (cm)	2～0.05mm (%)	0.05～0.002mm (%)	<0.002mm (%)	土壤质地名称
2005	0～10	20.97	55.01	24.03	砂壤
2005	10～20	7.72	66.61	23.68	砂壤
2005	20～40	6.56	62.12	31.32	砂壤
2005	40～60	2.8	50.64	46.57	黏壤

4.2.5.2 其他观测场

表 4-26 辅助观测场土壤机械组成

土壤类型：风沙土 母质：砂岩

年份	采样深度 (cm)	2～0.05mm (%)	0.05～0.002mm (%)	<0.002mm (%)	土壤质地名称
2005	0～10	86.2	7.3	6.5	壤质砂土
2005	10～20	86.5	1.6	11.9	壤质砂土
2005	20～40	85	8.8	6.2	壤质砂土
2005	40～60	87.4	6.5	6.1	壤质砂土
2005	60～100	86.5	4.3	9.2	壤质砂土

4.2.6 土壤容重

4.2.6.1 综合观测场

表 4-27 综合观测场土壤容重

土壤类型：风沙土 母质：砂岩

年份	采样深度 (cm)	土壤容重平均值 (g/cm^3)	均方差
2004	0～10	1.531	0.019

（续）

年份	采样深度（cm）	土壤容重平均值（g/cm³）	均方差
2004	10～20	1.556	0.025
2004	20～40	1.597	0.034
2004	40～60	1.569	0.054
2004	60～100	1.601	0.007
2005	0～10	1.57	0.021
2005	10～20	1.581	0.01
2005	20～40	1.556	0.009
2005	40～60	1.6	0.056
2005	60～100	1.598	0.014

4.2.6.2 其他观测场

表 4-28 辅助观测场土壤容重

土壤类型：风沙土　　母质：砂岩

年份	采样深度（cm）	土壤容重平均值（g/cm³）	均方差
2004	0～10	1.554	0.038
2004	10～20	1.54	0.04
2004	20～40	1.57	0.046
2004	40～60	1.553	0.035
2004	60～100	1.589	0.039
2005	0～10	1.522	0.039
2005	10～20	1.563	0.025
2005	20～40	1.558	0.001
2005	40～60	1.562	0.026
2005	60～100	1.578	0.006

4.2.7 土壤理化分析方法

表 4-29 土壤理化分析方法

表名称	分析项目名称	分析方法名称	参照国标名称
交换量	交换性盐基总量	1mol/l 乙酸铵交换法	GB 7863-87
交换量	交换性钙离子	乙酸铵交换—火焰光度法	GB 7866-87
交换量	交换性镁离子	乙酸铵交换—火焰光度法	GB 7866-87
交换量	交换性氢离子	乙酸铵交换—原子吸收分光光度法	GB 7865-87
交换量	阳离子交换量	乙酸铵交换—原子吸收分光光度法	GB 7865-87
土壤养分	土壤有机质	重铬酸钾氧化—外加热法	GB 7857-87
土壤养分	全氮	半微量开氏法	GB 7173-87
土壤养分	速效氮（水解	NaOH 碱熔—原子吸收法	GB 7852-87

（续）

表名称	分析项目名称	分析方法名称	参照国标名称
土壤养分	有效磷	NaOH 碱熔—原子吸收法	GB 7852 - 87
土壤养分	速效钾	碱解扩散法（1.8Mol/LNaOH）	GB 7849 - 87
土壤养分	缓效钾	0.5mol/L 碳酸氢钠法	GB 12297 - 90
土壤养分	pH	电位法	GB 7859 - 87
机械组成	机械组成	吸管法	GB 7845 - 87
土壤容重	容重	环刀法	
矿质全量	矿质全量	偏硼酸锂熔融- ICP - AES 法	
微量元素和重金属	全硼	碳酸钠熔融—姜黄素比色法	
微量元素和重金属	全钼	氢氟酸—高氯酸—硝酸消煮- ICP - MS 法	
微量元素和重金属	全锰	偏硼酸锂熔融- ICP - AES 法	
微量元素和重金属	全锌	偏硼酸锂熔融- ICP - AES 法	
微量元素和重金属	全铜	盐酸—硝酸—氢氟酸—高氯酸消煮火焰原子吸收分光光度法	GB/T17138 - 1997
微量元素和重金属	全铁	盐酸—硝酸—氢氟酸—高氯酸消煮火焰原子吸收光光光度法	GB/T17138 - 1997
微量元素和重金属	镉	盐酸—硝酸—氢氟酸—高氯酸消煮石墨炉原子吸收分光光度法	GB/T17141 - 1997
微量元素和重金属	铅	盐酸—硝酸—氢氟酸—高氯酸消煮石墨炉原子吸收分光光度法	GB/T17141 - 1997
微量元素和重金属	铬	盐酸—硝酸—氢氟酸—高氯酸消煮火焰原子吸收分光光度法	GB/T17137 - 1997
微量元素和重金属	镍	盐酸—硝酸—氢氟酸—高氯酸消煮火焰原子吸收分光光度法	GB/T17139 - 1997
微量元素和重金属	汞	1∶1 王水消煮氢化物发生原子荧光光谱法	
微量元素和重金属	砷	1∶1 王水消煮冷原子荧光吸收法	
微量元素和重金属	硒	1∶1 王水消煮氢化物发生原子荧光光谱法	

4.3 水分监测数据

4.3.1 土壤含水量

4.3.1.1 综合观测场

表 4 - 30 综合观测场土壤含水量

单位:%

年份	月份	10cm	20cm	30cm	40cm	50cm	60cm	70cm	80cm	90cm	100cm	110cm	120cm	130cm	140cm	150cm
2005	6	4.04	4.80	5.54	5.98	6.08	5.97	5.96	5.91	5.94	6.26	6.83	7.54	8.23	8.79	9.53
2005	7	3.73	4.54	6.08	6.67	6.62	6.28	5.97	5.67	5.67	5.91	6.44	6.97	7.46	8.02	8.65
2005	8	3.61	4.27	5.78	6.67	6.91	6.87	6.69	6.38	6.03	5.88	6.09	6.56	6.91	7.42	7.94
2005	9	3.64	4.30	5.59	5.86	5.76	5.68	5.62	5.68	5.79	6.00	6.52	7.01	7.35	7.84	8.36
2005	10	3.62	4.31	5.19	5.52	5.57	5.43	5.48	5.50	5.64	6.03	6.53	7.03	7.44	7.82	8.38

4.3.1.2 其他观测场

表 4-31 气象观测场土壤含水量

单位：%

年份	月份	10cm	20cm	30cm	40cm	50cm	60cm	70cm	80cm	90cm	100cm	110cm	120cm	130cm	140cm	150cm
2005	6	3.75	4.32	4.96	5.54	5.79	5.83	5.92	6.05	6.23	6.21	6.27	6.23	6.28	6.25	6.28
2005	7	3.60	3.97	5.00	5.89	6.27	6.27	6.16	6.15	6.22	6.19	6.14	6.11	6.16	5.95	6.12
2005	8	3.64	3.90	5.01	5.88	6.40	6.43	6.34	6.29	6.45	6.49	6.45	6.39	6.48	6.47	6.48
2005	9	3.59	4.01	5.20	5.85	6.14	6.11	6.01	5.97	6.09	6.14	6.13	6.11	6.07	6.14	6.16
2005	10	3.55	3.87	4.72	5.57	6.03	5.98	6.07	5.97	6.02	5.92	5.90	5.93	6.05	5.98	5.95

4.3.2 地表水、地下水水质状况

表 4-32 地表水、地下水水质状况

单位：mg/L

采样点名称	日期	pH	钙离子	镁离子	钾离子	钠离子	碳酸根离子	重碳酸根离子	氯化物	硫酸根离子	磷酸根离子	硝酸根	矿化度	总氮	总磷
鄂尔多斯站流动地表水水质监测长期采样点	2004-10-8	8.2	67.70	9.00	1.26	10.50		228.30	4.89	14.80		7.33	192.00	2.25	0.02
	2005-4-12	8	69.60	8.60	1.35	9.86		236.30	5.02	18.30		6.89	201.00	2.58	0.05
	2005-7-12	8.02	64.90	9.20	1.26	8.88		268.00	4.34	15.50		6.52	194.00	2.21	0.03
	2005-10-15	8.2	71.20	9.30	0.99	10.50		259.10	6.61	17.30		5.09	216.00	2.14	0.04
	2006-4-30	7.7	68.80	9.92	1.01	9.79		241.00	8.95	19.00	0.22	0.65	312.00	2.90	0.08
	2006-5-30	7.7	72.20	8.04	0.84	8.98		213.00	8.73	14.60	0.11	0.75	316.00	3.76	0.07
	2006-6-30	7.7	63.50	8.43	1.14	9.45		223.00	8.52	15.20	0.08	1.20	292.00	4.25	0.07
	2006-7-30	7.8	63.50	8.69	1.04	9.38	2.92	219.00	7.67	13.80	0.17	0.92	288.00	3.64	0.09
	2006-8-30	7.8	62.90	8.38	1.12	9.58	2.92	222.00	7.53	14.30	0.12	1.02	290.00	3.87	0.06
	2006-9-30	7.7	62.20	8.19	1.15	9.24		101.00	6.85	16.30	0.33	1.28	288.00	4.15	0.13
鄂尔多斯站地下水水质监测长期采样点	2004-10-8	7.9	71.30	7.19	0.97	10.30		209.00	4.88	13.10		22.50	207.00	5.08	0.01
	2005-4-12	7.8	72.60	7.34	1.05	11.20		215.50	4.89	14.20		18.36	208.00	5.14	0.02
	2005-7-12	7.8	69.70	6.96	0.89	12.40		203.90	4.60	12.70		14.36	181.00	4.99	0.04
	2005-10-15	7.8	75.70	8.56	1.27	13.60		200.50	5.08	16.90		19.23	183.00	4.65	0.01
	2006-5-30	7.8	59.30	10.30	0.73	8.61		208.00	7.27	16.60	0.17	4.42	286.00	7.47	0.08
	2006-6-30	7.9	62.40	10.30	0.71	8.59		213.00	5.02	14.60	0.20	4.06	292.00	7.19	0.12
	2006-7-30	7.9	64.60	10.40	0.75	8.68		222.00	5.37	14.90	0.06	4.15	300.00	7.66	0.06
	2006-8-30	7.9	65.00	10.30	0.71	8.84		222.00	5.52	15.30	0.14	4.27	298.00	7.75	0.10
	2006-9-30	7.7	62.40	10.40	0.82	9.05		213.00	7.12	16.30	0.04	4.82	296.00	8.84	0.10
鄂尔多斯站静止地表水水质监测长期采样点	2004-10-8	7.5	129.70	19.60	16.10	18.80		350.60	21.30	100.50	0.29		374.00	0.98	0.13
	2005-4-12	7.48	136.80	17.60	19.20	20.20		346.20	19.60	109.50	0.18		366.00	1.02	0.11
	2005-10-15	7.55	138.10	17.10	18.70	22.30		333.30	17.40	91.20	0.11		356.00	1.21	0.18
	2004-10-8	7.5	129.70	19.60	16.10	18.80		350.60	21.30	100.50	0.29		374.00	0.98	0.13
	2005-4-12	7.48	136.80	17.60	19.20	20.20		346.20	19.60	109.50	0.18		366.00	1.02	0.11
	2005-7-12	7.51	122.40	18.80	18.70	18.50		351.50	20.30	93.80	0.17		389.00	0.84	0.14

4.3.3 地下水位记录

表 4-33 地下水位记录 1

样地名称：鄂尔多斯站综合观测场——地下水位观测井 植被名称：油蒿灌丛 地面高程：m

日 期	地下水埋深（m）
2005-06-15	3.83
2005-06-20	3.84
2005-06-25	3.83
2005-06-28	3.83
2005-06-30	3.83
2005-07-5	3.84
2005-07-10	3.87
2005-07-15	3.9
2005-07-20	3.87
2005-07-25	3.88
2005-07-30	3.87
2005-08-5	3.85
2005-08-10	3.89
2005-08-14	3.88
2005-08-15	3.89
2005-08-20	3.89
2005-08-25	3.88
2005-08-30	3.91
2005-09-5	3.9
2005-09-10	3.9
2005-09-15	3.91
2005-09-20	3.92
2005-09-25	3.91
2005-09-30	3.9
2005-10-5	3.93
2005-10-10	3.94
2005-10-15	3.98
2005-10-20	4.01
2005-10-25	4.08
2005-10-30	4.12
2005-11-5	4.2
2005-11-10	4.44
2005-11-15	4.6
2005-11-20	4.61
2005-11-25	4.6

（续）

日　　期	地下水埋深（m）
2005-11-30	4.62
2005-12-5	4.61
2005-12-10	4.6
2005-12-15	4.65
2005-12-20	4.63
2005-12-25	4.61
2005-12-30	4.66
2006-04-10	4.04
2006-04-12	4.04
2006-04-15	4.05
2006-04-21	4.04
2006-04-25	4.06
2006-04-30	4.08
2006-05-5	4.04
2006-05-8	4.05
2006-05-10	4.06
2006-05-12	4.08
2006-05-15	4.08
2006-05-20	4.06
2006-05-25	4.05
2006-05-30	4.05
2006-06-5	4.07
2006-06-10	4.09
2006-06-15	4.09
2006-06-20	4.13
2006-06-25	4.1
2006-06-30	4.1
2006-07-5	4.05
2006-07-10	4.08
2006-07-15	4.1
2006-07-25	4.1
2006-07-30	4.15
2006-08-5	4.13
2006-08-10	4.15
2006-08-15	4.14
2006-08-20	4.13
2006-08-25	4.1
2006-08-31	4.15
2006-09-5	4.17

（续）

日 期	地下水埋深（m）
2006-09-10	4.21
2006-09-15	4.19
2006-09-20	4.19
2006-09-25	4.19
2006-10-1	4.19
2006-10-5	4.2
2006-10-10	4.19
2006-10-15	4.22
2006-10-20	4.22
2006-10-25	4.23
……	

表 4-34 地下水位记录 2

样地名称：鄂尔多斯站气象站——地下水位观测井　　植被名称：油蒿灌丛　　地面高程：m

日 期	地下水埋深（m）
2005-06-15	9.35
2005-06-20	9.41
2005-06-25	9.42
2005-06-28	9.41
2005-06-30	9.46
2005-07-5	9.34
2005-07-10	9.54
2005-07-15	9.35
2005-07-20	9.33
2005-07-25	9.26
2005-07-30	9.2
2005-08-5	9.27
2005-08-10	9.31
2005-08-14	9.3
2005-08-15	9.3
2005-08-20	9.24
2005-08-25	9.24
2005-08-30	9.26
2005-09-5	9.25
2005-09-10	9.33
2005-09-15	9.43
2005-09-20	9.35
2005-09-25	9.39

（续）

日　期	地下水埋深（m）
2005-09-30	9.34
2005-10-5	9.32
2005-10-10	9.34
2005-10-15	9.32
2005-10-20	9.35
2005-10-25	9.4
2005-10-30	9.45
2005-11-5	9.54
2005-11-10	9.61
2005-11-15	9.68
2005-11-20	9.67
2005-11-25	9.67
2005-11-30	9.68
2005-12-5	9.69
2005-12-10	9.66
2005-12-15	9.68
2005-12-20	9.68
2005-12-25	9.69
2005-12-30	9.7
2006-04-10	9.4
2006-04-12	9.39
2006-04-15	9.47
2006-04-21	9.45
2006-04-25	9.4
2006-04-30	9.41
2006-05-5	9.4
2006-05-8	9.43
2006-05-10	9.38
2006-05-12	9.4
2006-05-15	9.41
2006-05-20	9.42
2006-05-25	9.41
2006-05-30	9.39
2006-06-5	9.4
2006-06-10	9.46
2006-06-15	9.41
2006-06-20	9.5
2006-06-25	9.47
2006-06-30	9.48

（续）

日　　期	地下水埋深（m）
2006-07-5	9.53
2006-07-10	9.51
2006-07-15	9.53
2006-07-25	9.48
2006-07-30	9.5
2006-08-5	9.5
2006-08-10	9.33
2006-08-15	9.53
2006-08-20	9.54
2006-08-25	9.52
2006-08-31	9.52
2006-09-5	9.55
2006-09-10	9.57
2006-09-15	9.55
2006-09-20	9.58
2006-09-25	9.54
2006-10-1	9.56
2006-10-5	9.59
2006-10-10	9.55
2006-10-15	9.56
2006-10-20	9.53
2006-10-25	9.54
……	

4.3.4　雨水水质状况

表 4-35　雨水水质状况

样地名称：鄂尔多斯站气象场雨水水质监测采样点　　　　单位：mg/L

年份	月份	pH	矿化度	硫酸根	非溶性物质总含量
2006	4	6.5	90.00	0.58	10.00
2006	5	6.8	42.00	8.78	8.00
2006	6	6.6	63.00	12.40	6.00
2006	7	6.7	157.00	16.80	32.00
2006	8	6.7	111.00	15.70	7.00
2006	9	6.1	74.00	17.20	6.00

4.3.5 水质分析方法

表 4-36 水质分析方法

分析项目名称	分析方法名称	参照国标名称
pH	电位法	GB6920-86
钙离子	EDTA 滴定法	GB7476-87
镁离子	EDTA 滴定法	GB7476-87
钾离子	火焰光度法	GB8538.12-87
钠离子	火焰光度法	GB853812-87
碳酸根离子	酸式滴定法	SL83-94
重碳酸根离子	酸式滴定法	SL83-94
氯化物	硝酸银滴定法	GB5750-85
硫酸根离子	铬酸钡分光光度法	GB5750-85
磷酸根离子	磷钼蓝分光光度法	GB/T8538-1995
硝酸根离子	酚二磺酸分光光度法	GB7480-87
矿化度	重量法	SL79-94
化学需氧量（COD）	重铬酸盐法	GB11914-89
水中溶解氧（DO）	碘量法	GB7489-87
总氮	紫外分光光度法	
总磷	钼酸铵分光光度法	GB11893-89
pH	电位法	GB6920-86
矿化度	重量法	SL79-94
硫酸根	铬酸钡分光光度法	GB5750-85
非溶性物质总含量	悬浮物	GB/T11901-1989

4.4 气象监测数据

4.4.1 温度

表 4-37 自动观测气象要素——温度

单位：℃

年份	月份	月平均值	月平均最大值	月平均最小值	月极大值	极大值日期	月极小值	极小值日期
2005	1	−14.63	−4.82	−23.67	−0.10	27	−33.1	1
2005	2	−10.32	−2.59	−18.73	7.8	28	−29.8	9
2005	3	−0.22	8.49	−9.29	19	30	−22.8	12
2005	4	9.74	18.45	0.15	30.8	29	−7.1	13
2005	5	15.61	23.8	6.84	30.8	12	−4.6	6
2005	6	21.3	29.76	11.08	39.3	22	5.2	1
2005	7	23	30.46	15.11	37.4	13	10	11

（续）

年份	月份	月平均值	月平均最大值	月平均最小值	月极大值	极大值日期	月极小值	极小值日期
2005	8	19.66	26.3	13.85	31.2	1	8.1	17
2005	9	15.22	22.21	8.76	30.7	9	0.9	17
2005	10	6.73	15.24	−1.46	21.7	10	−10.2	28
2005	11	−1.07	8.21	−10.56	18.3	2	−15.8	25
2005	12	−12.42	−3.16	−21.68	3.4	22	−27.9	6

4.4.2　湿度

表 4-38　自动观测气象要素——湿度

单位：%

年份	月份	月平均值	月平均最小值	月极小值	极小值日期
2005	1	70	44	29	12
2005	2	64	39	19	27
2005	3	34	14	6	13
2005	4	28	12	5	4
2005	5	41	18	6	1
2005	6	41	19	9	11
2005	7	51	29	10	5
2005	8	68	42	26	1
2005	9	64	37	13	9
2005	10	54	25	12	16
2005	11	42	19	11	2
2005	12	47	24	15	16

4.4.3　气压

表 4-39　自动观测气象要素——气压

单位：hpa

年份	月份	月平均值	月平均最大值	月平均最小值	月极大值	极大值日期	月极小值	极小值日期
2005	1	874.4	876.9	871.9	884.10	7	859.80	28
2005	2	873	875.1	870	883.9	19	860.9	23
2005	3	873.4	876.3	870.1	885.9	4	860.4	9
2005	4	868.6	871	865.6	877.3	3	855.3	5
2005	5	865.8	867.9	862.8	873.2	19	853.3	7
2005	6	862.8	864.2	860.8	869.6	5	857.7	12
2005	7	865.2	866.5	863.5	870.1	15	860.3	13
2005	8	867.4	868.5	865.6	873.5	18	859.9	2

（续）

年份	月份	月平均值	月平均最大值	月平均最小值	月极大值	极大值日期	月极小值	极小值日期
2005	9	872.6	874.3	870.5	878.7	13	866.8	9
2005	10	876.5	878.5	874.1	884	21	869.7	25
2005	11	874.2	876.4	872.2	884.2	21	865.2	30
2005	12	877.6	880.1	875.3	887.3	17	869.7	22

4.4.4 降水

表 4-40 自动观测气象要素——降水

单位：mm

年份	月份	合计	最高	日最大值出现时间
2005	1	0.8	0.2	5
2005	2	2.4	0.4	6
2005	3	3.4	1.6	31
2005	4	7.8	3	8
2005	5	68.6	8.4	29
2005	6	47.2	11.6	5
2005	7	48.0	7.4	19
2005	8	94.4	13.8	11
2005	9	32.4	3.8	15
2005	10	7.4	1.4	20
2005	11	0.4	0.4	5
2005	12	2.6	1.2	31

4.4.5 风速

表 4-41 自动观测气象要素——风速

单位：m/s

年份	月份	月平均风速	月最多风向	最大风速	最大风风向	最大风出现日期	最大风出现时间
2005	1	1.1	NE	6.7	355	28	13：00
2005	2	1.8	NE	10.4	193	13	13：00
2005	3	2.4	NE	11.8	284	16	16：00
2005	4	2.9	NE	13.6	312	26	13：00
2005	5	2.8	NE	13.5	311	10	16：00
2005	6	2.1	NE	9.8	176	12	18：00
2005	7	2.1	NE	10.9	325	12	19：00
2005	8	1.7	NE	9.5	278	11	15：00
2005	9	2.0	NE	10.4	285	16	15：00

（续）

年份	月份	月平均风速	月最多风向	最大风速	最大风风向	最大风出现日期	最大风出现时间
2005	10	1.8	NE	10.4	279	6	14：00
2005	11	2.0	NE	12.1	275	5	11：00
2005	12	1.6	NE	9.9	280	21	15：00

4.4.6　地表温度

表 4－42　自动观测气象要素——地表温度

单位：℃

年份	月份	月平均值	月平均最大值	月平均最小值	月极大值	极大值日期	月极小值	极小值日期
2005	1	－15.89	－0.42	－25.42	5.6	30	－37.9	1
2005	2	－9.43	1.79	－18.06	16	28	－31	1
2005	3	2.82	22.94	－10.16	40.10	30	－21.3	12
2005	4	13.05	33.57	－0.63	51	29	－7.1	13
2005	5	20.05	40.25	6.74	56.5	13	－3.5	8
2005	6	27.53	49.65	11.70	65.5	22	7.4	1
2005	7	28.94	50.14	15.59	63	12	11	11
2005	8	24.45	42.35	14.62	56.4	5	9.1	18
2005	9	18.90	35.67	9.60	50.7	3	2.5	17
2005	10	9.41	27.94	－0.95	36.9	5	－9.3	30
2005	11	－0.69	17.57	－11.10	28.1	2	－16.2	25
2005	12	－12.99	5.15	－23.17	13.3	2	－28.3	21

4.4.7　辐射

4.4.7.1　总辐射

表 4－43　太阳辐射自动观测记录表——总辐射

单位：MJ/m²

年份	1月	2月	3月	4月	5月	6月	7月	8月	9月	10月	11月	12月
2005	341.95	357.27	578.92	641.46	719.32	723.23	630.82	528.14	446.07	427.29	363.21	321.82

4.4.7.2　反射辐射

表 4－44　太阳辐射自动观测记录表——反射辐射

单位：MJ/m²

年份	1月	2月	3月	4月	5月	6月	7月	8月	9月	10月	11月	12月
2005	204.76	136.82	123.73	143.14	154.47	152.11	128.26	99.94	80.02	75.70	67.46	65.02

4.4.7.3 紫外辐射

表 4-45 太阳辐射自动观测记录表——紫外辐射

单位：MJ/m^2

年份	1月	2月	3月	4月	5月	6月	7月	8月	9月	10月	11月	12月
2005	11.70	12.58	21.95	25.43	30.72	32.63	29.63	24.66	19.62	17.19	12.25	9.64

4.4.7.4 净辐射

表 4-46 太阳辐射自动观测记录表——净辐射

单位：MJ/m^2

年份	1月	2月	3月	4月	5月	6月	7月	8月	9月	10月	11月	12月
2005	−31.10	61.74	201.31	245.21	303.62	318.72	288.76	247.94	180.46	132.93	68.63	39.26

4.4.7.5 光合有效辐射

表 4-47 太阳辐射自动观测记录表——光合有效辐射

单位：MJ/m^2

年份	1月	2月	3月	4月	5月	6月	7月	8月	9月	10月	11月	12月
2005	561.61	571.28	1 101.22	1 261.25	1 459.47	1 521.73	1 327.23	1 097.49	883.58	800.97	607.77	482.52

4.4.7.6 日照时数

表 4-48 太阳辐射自动观测记录表——日照时数

单位：MJ/m^2

年份	1月	2月	3月	4月	5月	6月	7月	8月	9月	10月	11月	12月
2005	99.1	202.73	270	271.22	296.98	297.35	241.83	197.22	187.5	205.57	232.18	226.75

第五章

研究论文目录

1990 年

（1）高琼．1990. 植被系统中植物与环境因子相互作用的动态模拟．植物生态学与地植物学学报 14：305－311；

（2）孙金铸．1990. 鄂尔多斯高原生态环境整治的战略研究．干旱区资源与环境 4：45－51。

1992 年

（1）高琼．1992. 水分为限制因子的草地优化收获理论的研究．植物生态学与地植物学学报 16：118－125；

（2）黄兆华．1992. 鄂尔多斯草原沙漠化与生态变化．草业科学 9：1－6；

（3）牛建明，李博．1992. 鄂尔多斯高原植被与生态因子的多元分析．生态学报 12：105－112；

（4）郑海雷，黄子琛，董学军．1992. 毛乌素沙地油蒿和牛心朴子生理学研究．植物生态学与地植物学学报 16：197－208。

1993 年

（1）董学军，黄子琛，郑海雷．1993. 几种沙生灌木叶面积的估算与经验公式．干旱区研究 10：33－36；

（2）廖茂彩，姚洪林．1993. 毛乌素沙地综合治理与合理利用的研究．内蒙古林业科技 0：1－6；

（3）沙地立地评价课题组．1993. 毛乌素沙地立地质量的综合评价．林业科学 29：393－400。

1994 年

（1）陈旭东，王庆锁，陈仲新．1994. 鄂尔多斯高原生物多样性研究进展．*in* 钱迎倩，editor. 保护生物学与生物多样性研究进展．中国科学技术出版社，北京；

（2）陈仲新，谢海生．1994. 毛乌素沙地景观生态类型与灌丛生物多样性初步研究．生态学报；

（3）董学军，杨宝珍，郭柯，刘志茂，阿拉腾宝，韩松，赵雨兴．1994. 几种沙生植物水分生理生态特征的研究．植物生态学报 18：86－94；

（4）郭绍礼．1994. 论鄂尔多斯东北部的资源开发与环境整治．干旱区资源与环境 8：29－43；

（5）何芬其，张荫荪，吴勇．1994. 遗鸥鄂尔多斯种群研究的最新报道 生物多样性 2：88－90；

（6）潘代远．1994. 鄂尔多斯沙地草地实验站生态制图系统的建立及应用．植物生态学报 18：80－85；

（7）王洪新，胡志昂，钟敏，钱迎倩．1994a. 毛乌素沙地锦鸡儿（*Caragana*）种群种子蛋白多样性及其生物学意义．生态学报 14：372－380；

（8）王洪新，胡志昂，钟敏，钱迎倩．1994b. 毛乌素沙地锦鸡儿（*Caragana*）种群形态变异．生态学报 14：366－371；

（9）王庆锁．1994. 油蒿、中间锦鸡儿生物量估测模式．中国草地 1：49－51；

（10）谢海生，陈仲新，赵雨兴．1994. 鄂尔多斯高原生态过渡带气候特殊性和气候植物生长指数与畜牧业生产动态分析．生态学报；

（11）杨宝珍，董学军，高琼，刘志茂，阿拉腾宝．1994. 油蒿（*Artemisia ordosica*）的蒸腾作用及其群落的水分状况．植物生态学报 18：161－170；

（12）张新时．1994. 毛乌素沙地的生态背景及其草地建设的原则与优化模式．植物生态学报 18：1－16。

1995 年

王庆锁，陈仲新，史振英．1995. 油蒿草场的保护与改良．生态学杂志 14：54－57。

1996 年

（1）Gao，Q. 1996. Dynamic modeling of ecosystems with spatial heterogeneity：a structured approach implemented in Windows environment. Ecological Modelling 85：241－252；

（2）陈仲新，张新时．1996. 毛乌素沙化草地景观生态分类与排序的研究．植物生态学报 20：423－437；

（3）高琼，董学军，梁宁．1996. 基于土壤水分平衡的沙地草地最优植被覆盖率的研究．生态学报 16：33－39；

（4）孔德珍．1996. 毛乌素沙地综合开发治理的经济学原则．草业科学 13：13－15；

（5）孔德珍，王庆琐，阿拉腾宝．1996. 毛乌素沙地示范区的草地建设．中国草地 4：8－11；

（6）李强，慈龙骏．1996. 神府东胜矿区景观生态异质性分析与景观生态建设．干旱区资源与环境 10：62－68；

（7）梁宁，高琼．1996. 毛乌素沙地草地种植管理咨询系统的开发．植物生态学报 20：438－448；

（8）郑元润．1996. 毛乌素沙地高效生态经济复合系统建设模式探讨．当代复合农林业 4。

1997 年

（1）Gao，Q. 1997. A model of rainfall redistribution in terraced sandy grassland landscapes. Environmental and Ecological Statistics 4：205－218；

（2）Gao，Q.，N. Liang，X. Dong. 1997. A modelling analysis on dynamics of hilly sandy grassland lanscapes using spatial simulation. Ecological Modelling 98：163－172；

（3）Gao，Q.，X. Yang. 1997. A relationship between spatial processes and a partial patchiness index in a grassland landscape. Landscape Ecology 12：321－330；

（4）陈旭东，陈仲新，董学军．1997. 鄂尔多斯高原沙地生物多样性及重建生态学研究．*in* 马克平，editor. 中国重点类型地区生态系统多样性研究．浙江科技出版社，杭州；

（5）陈仲新，陈旭东．1997. 毛乌素沙地的自然经济背景．*in* 张新时，editor. 毛乌素沙地草地优化生态模式．科学出版社，北京；

（6）董学军，张新时，杨宝珍．1997. 依据野外实测的蒸腾速率对几种沙地灌木水分平衡的初步研究．植物生态学报 21：208－225；

（7）高琼，张新时．1997. 沙地草地景观的降水再分配模型．植物学报 39：169－175；

（8）李新荣．1997a. 毛乌素沙地灌木资源区系特征及其保护对策．自然资源学报 12：146－152；

（9）李新荣．1997b. 毛乌素沙地荒漠化与生物多样性的保护．中国沙漠 17：58－62；

（10）王庆锁，董学军，陈旭东，杨宝珍．1997. 油蒿群落不同演替阶段某些群落特征的研究．植物生态学报 21：531－538；

（11）王庆锁，梁艳英．1997. 油蒿群落植物多样性动态．中国沙漠。

1998 年

（1）陈旭东，陈仲新，赵雨兴．1998. 鄂尔多斯高原生态过渡带的判定及生物群区特征．植物生态学报 22：312－318；

（2）董鸣．1998. 克隆植物过渡带及其环境治理的资源价值．Page 289 *in* 中国科学技术协会，editor. 资源环境科学可持续发展技术．中国科协出版社，北京；

（3）董学军．1998a. 毛乌素沙地沙地柏的水分生态初步研究．植物生态学报 23：311－319；

（4）董学军．1998b. 九种沙生灌木的水分关系参数的实验测定及生态意义．植物学报 40：657－664；

（5）李新荣，陈仲新，陈旭东，董学军．1998a. 鄂尔多斯高原西部几种荒漠灌丛群落种间联结关系的研究．植物学通报 15：56－62；

（6）李新荣，刘新民，杨正宇．1998b. 鄂尔多斯高原荒漠化草原和草原化荒漠灌木类群与环境关系的研究．中国沙漠 18：123－130；

（7）刘玉平，慈龙骏．1998. 毛乌素沙区柳湾灌丛草场荒漠化评价的指标体系．草地学报 6：124－132；

（8）倪健，陈仲新，董鸣，陈旭东，张新时．1998. 中国生物多样性的生态地理区划．植物学报 40：370－382；

（9）吴波，慈龙骏．1998. 五十年代以来毛乌素沙地荒漠化扩展及其原因．第四纪研究 1998：165－172；

（10）赵雨兴，吕荣，杨美良，谢海生，陈仲新，徐占平．1998. 鄂尔多斯高原生态过渡带气候特殊性和气候植物生长指数与畜牧业生产动态分析．内蒙古林业科技 1998：23－29；

（11）郑元润．1998a. 毛乌素沙地中几种植物水分特性的研究．干旱区研究 15：17－21；

（12）郑元润．1998b. 高效持续防治荒漠化新途径初探——毛乌素沙地“三圈”模式的理论与实践．林业科技管理 1998：20－23；

（13）郑元润，张新时．1998. 毛乌素沙地高效生态经济复合系统诊断与优化设计．植物生态学报 22：262－268。

1999 年

（1）Dong，M.，B. Alaten. 1999. Clonal plasticity in response to rhizome serving and heterogeneous resource supply in the rhizometous grass *Psammochloa villosa* in an Inner Mongolia dune，China. Plant Ecology 141：53－58；

（2）Jiang，G.，H. Tang，M. Yu，M. Dong，X. Zhang. 1999. Response of photosynthesis of different plant functional types to environmental changes along Notheast China Transect. Trees 14：72－82；

（3）董鸣．1999. 切断根茎对根茎禾草沙鞭和赖草克隆生长的影响．植物学报 41：194－198；

（4）董鸣，阿拉腾宝，邢雪荣，王奇兵．1999. 根茎禾草沙鞭的克隆基株及分株种群特征．植物生态学报 23：302－310；

（5）董学军，陈仲新，阿拉腾宝，刘志茂，斯登丹巴．1999a. 毛乌素沙地沙地柏（*Sabina vulgaris*）的水分生态初步研究 植物生态学报 23：311－319；

（6）董学军，陈仲新，陈锦正，赵雨兴．1999b. 毛乌素沙地油松的水分关系参数随不同土壤基质的变化．植物生态学报 23：385－392；

（7）葛颂，王可青，董鸣．1999. 毛乌素沙地根茎灌木羊柴的遗传多样性和克隆结构．植物学报 41：301－306；

（8）蒋高明，何维明．1999a. 毛乌素沙地若干植物光合作用，蒸腾作用和水分利用效率种间和生境间差异．植物学报 41：1114－1124；

（9）蒋高明，何维明．1999b. 一种在野外自然光照条件下快速测定光合作用-光响应曲线的新方法．植物学通报 16：712－718；

（10）李新荣，赵雨兴，杨志中，刘和平．1999. 毛乌素沙地飞播植被与生境演变的研究．植物生态学报 23：116－124；

（11）马茂华，于凤兰，孔令韶．1999. 油蒿（*Artemisia ordosica*）的化感作用研究．生态学报 19：670－676；

（12）王可青，葛颂，董鸣．1999. 根茎禾草沙鞭的等位酶变异及克隆多样性．植物学报 41：537－540；

（13）魏伟，王洪新，胡志昂，钟敏，恽锐，钱迎倩．1999. 毛乌素沙地柠条群体分子生态学初步研究：RAPD 证据．生态学报 19：16－22；

（14）于飞海，董鸣．1999. 根茎草本披针叶黄华自然分株种群多尺度分布格局．植物学报 41：1332－1338；

（15）于凤兰，马茂华，孔令韶．1999. 油蒿挥发油的化感作用研究．植物生态学报 23：345－350。

2000 年

（1）Dong，X.，X. Zhang. 2000. Special stomatal distribution in *Sabina vulgaris* in relation to its survival in a desert environment. Trees 14：369－375；

（2）陈玉福，董鸣．2000a. 毛乌素沙地根茎灌木羊柴的基株特征和不同生境中的分株特征．植物生态学报 24：40－45；

（3）陈玉福，董鸣．2000b. 鄂尔多斯高原沙化景观坡地地貌的土壤变化特点．第四纪研究 20：569；

（4）陈玉福，于飞海，董鸣．2000. 毛乌素沙地沙生半灌木群落的空间异质性．生态学报 20：568－572；

（5）池宏康．2000. 沙地油蒿群落覆盖度的遥感定量化研究．植物生态学报 24：494－497；

（6）郭柯．2000. 毛乌素沙地油蒿群落的循环演替．植物生态学报 24：243－247；

（7）郭柯，董学军，刘志茂．2000. 毛乌素沙地沙丘土壤含水量特点-兼论老固定沙地上油蒿衰退原因．植物生态学报 24：275－279；

（8）何维明．2000a. 不同生境中沙地柏根面积分布特征．林业科学 36：17－21；

（9）何维明．2000b. 切断匍匐茎对沙地柏子株生长和资源利用效率的影响．植物生态学报 24：391－395；

（10）何维明，马风云．2000. 水分梯度对沙地柏幼苗荧光特征和气体交换的影响．植物生态学报 24：630－634；

（11）李新荣．2000. 试论鄂尔多斯高原灌木多样性的若干特点．资源科学 22：54－59；

（12）郑元润．2000. 西部大开发与可持续生态环境建设．世界科技研究与发展 22：74－76。

2001 年

（1）He，W.，M. Dong. 2001. Root growth of the annual tillering grass *Panicum miliaceum* in heterogeneous nutrient environments. Acta Botanica Sinica 43：846－851；

（2）Huang，F.，Q. Gao. 2001. Climate controls on dust storm occurrence in Maowusu desert. Journal of Environmental Sciences 13：14－21；

（3）Roels，B.，S. Donders，M. J. A. Werger，董鸣．2001. 风沙移动与植物生物量的关系以及植物固沙能力研究．植物学报 43：979－982；

（4）Xiao，C. 2001. Effect of different water supply on morphology，growth and physiological characteristics of *Salix psammophila* seedlings in Maowusu sandland，China. Journal of Environmental Sciences 13：411－417；

（5）Xiao，C.，X. Zhang，J. Zhao，G. Wu. 2001. Response of seedlings of three dominant shrubs to climate warming in Ordos Platear. Acta Botanica Sinica 43：736－741；

(6) Xiao, C., G. Zhou. 2001. Study on the water balance in three dominant plants with simulated precipitation change in Maowusu Sandland. Acta Botanica Sinica 43: 82－88;

(7) Zhou, Y., H. Wang, Z. Hu. 2001. Variation of breeding systems in populations of *Caragana intermedia* (Leguminosae) in Maowusu sandy grassland. Acta Botanica Sinica 43: 1307－1309;

(8) 陈玉福，董鸣 . 2001. 根茎禾草沙鞭德克隆生长在毛乌素沙地斑块动态中的作用 . 生态学报 21：1745－1750；

(9) 陈玉福，于飞海，张称意，董鸣 . 2001. 毛乌素沙地景观的植被与土壤特征空间格局及其相关分析 . 植物生态学报 25：265－269；

(10) 何维明 . 2001a. 黍气体交换对异质养分环境的反应 . 植物生态学报 25：331－336；

(11) 何维明 . 2001b. 水分因素对沙地柏实生苗水分和生长特征的影响 . 植物生态学报 25：11－16；

(12) 何维明 . 2001c. 沙地柏对除叶干扰的生理何生长响应 . 应用生态学报 12：175－178；

(13) 何维明，董鸣 . 2001a. 异质养分环境中-年生分蘖草本黍根系的生长的特征 . 植物学报 43：846－851；

(14) 何维明，董鸣 . 2001b. 不同气温条件下旱柳（*Salix matsudana* Koidz）幼苗的水分和构型特征 . 生态学报 21：1084－1090；

(15) 何维明，新时 . 2001. 水分共享在毛乌素沙地 4 种灌木根系中的存在状况 . 植物生态学报 25：630－633；

(16) 何维明，张新时 . 2001. 沙地柏叶型变化的生态意义 . 云南植物研究 23：311－319；

(17) 黄富祥，傅德山，刘振铎 . 2001a. 鄂尔多斯油蒿-本氏针茅群落生物量对气候的动态影响 . 草地学报 9：148－153；

(18) 黄富祥，高琼 . 2001. 毛乌素沙地不同防风材料降低风速效应的比较 . 水土保持学报 15：27－30；

(19) 黄富祥，高琼，傅德山，刘振铎 . 2001b. 内蒙古鄂尔多斯高原百里香-本氏针茅草草地地上生物量与气候相应的动态回归分析 . 生态学报 21：1339－1346；

(20) 黄富祥，牛海山，王明星，王跃思，丁国栋 . 2001c. 毛乌素沙地植被覆盖率与风蚀输沙率定量关系 . 地理学报 56：700－711；

(21) 黄富祥，张新时，徐永福 . 2001d. 毛乌素沙地气候因素对沙尘暴频率影响作用的模拟研究. 生态学报 21：1875－1884；

(22) 黄振英，G. Yitzchak，胡正海，张新时 . 2001a. 白沙蒿种子萌发特性的研究Ⅰ. 黏液瘦果的结构和功能 . 植物生态学报 25：22－28；

(23) 黄振英，G. Yitzchak，胡正海，张新时 . 2001b. 白沙蒿种子萌发特性的研究Ⅱ. 环境因素的影响 . 植物生态学报 25：239－246；

(24) 蒋高明，朱桂杰 . 2001. 高温强光环境条件下 3 种沙地灌木的光合生理特点 . 植物生态学报 25：523－531；

(25) 吴波，慈龙骏 . 2001. 毛乌素沙地景观格局变化研究 . 生态学报 21：191－196；

(26) 肖春旺 . 2001. 模拟降水量对毛乌素沙柳幼苗蒸发蒸腾的潜在影响 . 草地学报 9：121－127；

(27) 肖春旺，董鸣，周广胜，刘喜国 . 2001a. 鄂尔多斯高原沙柳幼苗对模拟降水量变化的响应. 生态学报 21：171－176；

(28) 肖春旺，张新时 . 2001. 模拟降水量变化对毛乌素油蒿幼苗生理生态过程的影响研究 . 林业科学 37：15－22；

(29) 肖春旺，张新时，赵景柱，吴钢 . 2001b. 鄂尔多斯高原 3 种优势灌木幼苗对气候变暖的响应．植物学报 43：736－741；

（30）肖春旺，周广胜．2001a. 毛乌素沙地 3 种优势植物对模拟降水量变化的水分平衡研究．植物学报 43：82－88；

（31）肖春旺，周广胜．2001b. 不同浇水量对毛乌素沙地沙柳幼苗气体交换过程及其光化学效率的影响．植物生态学报 25：444－450；

（32）肖春旺，周广胜．2001c. 毛乌素沙地中间锦鸡儿幼苗生长、气体交换和叶绿素荧光对模拟降水量变化的影响．应用生态学报 12：692－696；

（33）肖春旺，周广胜，赵景柱．2001c. 不同水分条件对毛乌素沙地油蒿幼苗生长和形态的影响. 生态学报 21：2136－2140；

（34）于晓东，周红章，罗天宏．2001. 鄂尔多斯高原地区昆虫物种多样性研究．生物多样性 9：329－335；

（35）张称意，杨持，董鸣．2001. 根茎半灌木羊柴对光合同化物的克隆整合．生态学报 21：1986－1993；

（36）周永刚，王洪新，胡志昂．2001. 毛乌素沙地中间锦鸡儿群体繁育系统的变化．植物学报 43：1307－1309。

2002 年

（1）Chen，Y.，M. Song，M. Dong. 2002a. Soil properties along a hillslope modified by wind erosion in the Ordos Plateau（semi－arid China）. Geoderma 106：331－340；

（2）Chen，Y.，F. Yu，M. Dong. 2002b. Scale－dependent spatial heterogeneity of vegetation in Mu Us sandy land，a semi－arid area of China. Plant Ecology 162：135－142；

（3）Gao，L. F.，Z. A. Hu，H. X. Wang. 2002. Genetic diversity of rhizobia isolated from *Caragana intermedia* in Maowusu sandland，north of China. Letters in Applied Microbiology 35：347－352；

（4）Huang，Z. 2002a. Endo－Glycanhydrolases activities in *Artemisia sphaerocephala*（Asteraceae）mucilaginous achene germination process. Acta Botanica Sinica 44：753－656；

（5）Huang，Z. 2002b. Exo－glycosidases activities in *Artemisia sphaerocephala*（Asteraceae）mucilaginous achene germination process. Acta Botanica Sinica 44：1380－1383；

（6）Song，M.，M. Dong. 2002. Clonal plants and plant species diversity in wetland ecosystems in China. Journal of Vegetation Science 13：237－244；

（7）Song，M.，M. Dong，G. Jiang. 2002. Importance of clonal plants and plant species diversity in the Northeast China Transect. Ecological Research 17：705－716；

（8）Xiao，C.，F. Jia，G. Zhou，Y. Jiang. 2002. Response of photosynthesis，morphology and growth of *Hedysarum mongolicum* seedlings to simulated precipitation change in Maowusu sandland. Journal of Environmental Sciences 14：277－283；

（9）Yu，F.，Y. Chen，M. Dong. 2002a. Clonal integration enhances survival and performance of *Potentilla anserina*，suffering from partial sand burial on Ordos plateau，China. Evolutionary Ecology 15：303－318；

（10）Yu，F.，M. Dong，C. Zhang. 2002b. Intraclonal resource sharing and functional specialization of ramets in response to resource heterogeneity in three stoloniferous herbs. Acta Botanica Sinica 44：468－473；

（11）Zhang，C.，C. Yang，M. Dong. 2002a. The significance of rhizome connection of semi－shrub *Hedysarum laeve* in an Inner Mongolian dune，China. Acta Oecologica 23：109－114；

(12) Zhang, C., C. Yang, M. Dong. 2002b. Clonal integration and its ecological significance in *Hedysarim laeve*, a rhizomatous shrub in Mu Us Sandland. Journal of Plant Research 115: 113 - 118;

(13) Zhang, C., F. Yu, M. Dong. 2002c. Effects of sand burial on the survival, growth and biomass allocation in semi - shrub *Hedysarum laeve* seedlings. Acta Botanica Sinica 44: 337 - 343;

(14) 陈玉福，董鸣.2002a. 鄂尔多斯高原沙地草地荒漠化景观现状的定量分析. 环境科学 23: 87 - 91;

(15) 陈玉福，董鸣.2002b. 毛乌素沙地群落动态中克隆和非克隆植物作用的比较. 植物生态学报 26: 377 - 380;

(16) 陈玉福，宋明华，董鸣.2002. 鄂尔多斯高原覆沙坡地植物群落格局. 植物生态学报 26: 501 - 505;

(17) 邓红英.2002. 毛乌素沙地优势植物种群对模拟降水量变化的影响. 云南大学学报（自然科学版）24: 75 - 80;

(18) 高丽锋，邓馨，王洪新，胡志昂.2002. 毛乌素沙地中间锦鸡儿根瘤菌遗传多样性及16s rDNA全序列分析. 微生物学报 42: 649 - 656;

(19) 何维明.2002. 为什么自然条件下沙地柏种群以无性更新为主. 植物生态学报 26: 235 - 238;

(20) 何维明，董鸣.2002a. 异质光环境中旱柳的光截取和利用反应. 林业科学 38: 7 - 13;

(21) 何维明，董鸣.2002b. 分蘖型克隆植物黍分株和基株队异质养分环境的等级反应. 生态学报 22: 169 - 175;

(22) 何维明，张新时.2002a. 沙地柏雌株与雄株的叶结构和功能比较. 云南植物研究 24: 64 - 67;

(23) 何维明，张新时.2002b. 沙地柏对毛乌素沙地3种生境中养分资源的反应. 林业科学 38: 1 - 6;

(24) 黄振英，董学军，蒋高明，袁文平.2002. 沙柳光合作用和蒸腾作用日动态变化的初步研究. 西北植物学报 22: 817 - 823;

(25) 吕贻忠，李保国，胡克林，徐艳.2002. 鄂尔多斯不同地形下土壤养分的空间变异. 土壤与环境 11: 32 - 37;

(26) 宋明华，陈玉福，董鸣.2002. 鄂尔多斯高原风蚀沙化梁地克隆植物的分布及其与物种多样性的关系. 植物生态学报 26: 396 - 402;

(27) 肖春旺.2002. 施水量变化对毛乌素沙地4种植物叶绿体荧光的影响. 草业学报 11: 85 - 90;

(28) 肖春旺，周广胜，马风云.2002. 施水量变化对毛乌素沙地优势植物形态与生长的影响. 植物生态学报 26: 69 - 76;

(29) 于飞海，董鸣，张称意，张淑敏.2002. 匍匐茎草本金戴戴对基质盐分含量的表型可塑性. 植物生态学报 26: 140 - 148。

2003年

(1) He, W., M. Dong. 2003. Physiological acclimation and growth response to partial shading in *Salix matsudana* in the Mu Us Sandland in China. Trees 17: 87 - 93;

(2) He, W., X. Zhang. 2003. Responses of an evergreen shrub *Sabina vulgaris* to soil water and nutrient shortages in the semi - arid Mu Us Sandland in China. Journal of Arid Environments 53: 307 - 316;

（3）He，W.，X. Zhang，M. Dong. 2003a. Gas exchange，leaf structure，and hydraulic features in relation to sex，shoot form，and leaf form in an evergreen shrub *Sabina vulgaris* in the semi－arid Mu Us Sandland in China. Photosynthetica 41：105－109；

（4）He，W.，X. Zhang，M. Dong. 2003b. Plasticity in physiology and growth of *Salix matsudana* in response to simulated atmospheric temperature rise in the Mu Us Sandland. Photosynthetica 41：297－300；

（5）Huang，Z.，X. Zhang，G. Zheng，Y. Gutterman. 2003. Influence of light，temperature，salinity and storage on seed germination of *Haloxylon ammodendron*. Journal of Arid Environments 55：453－464；

（6）Yu，F.，M. Dong. 2003. Effect of light intensity and nutrient availability on clonal growth and clonal morphology of the stoloniferous herb *Halerpestes ruthenica*. Acta Botanica Sinica 45：408－416；

（7）Zhang，C.，C. Yang，X. Yang，M. Dong. 2003a. Interramet water translocation in natural clones of the rhizomatous shrub，*Hedysarum leave*，in a semi－arid area of China. Trees 17：109－116；

（8）Zhang，C.，F. Yu，M. Dong. 2003b. Phenotypic plasticity in response to the heteroneous water supply in the rhizomatous grass species，*Calamagrostis epigejos* in the Mu Us sandy land of China. Acta Botanica Sinica 45：1210－1217；

（9）陈玉福，董鸣．2003. 毛乌素沙化景观内斑块间的多种边界．应用生态学报 14：467－469；

（10）程晓莉，安树青，李远，卓元午，管永健，刘世荣．2003a. 鄂尔多斯草地退化过程中个体分布格局与土壤元素异质性．植物生态学报 27：503－509；

（11）程晓莉，安树青，钦佩，刘世荣．2003b. 鄂尔多斯草地退化过程中植被地上生物量空间分布的异质性．生态学报 23：1526－1532；

（12）高素华，郭建平．2003. 毛乌素沙地优势种在高 CO_2 浓度条件下对土壤干旱胁迫的响应．草业学报 12：36－39；

（13）何维明，董鸣．2003a. 毛乌素沙地旱柳生长和生理特征对遮荫的反应．应用生态学报 14：175－178；

（14）何维明，董鸣．2003b. 升高气温对旱柳生长和光和的影响．林业科学 39：160－164；

孙鹏森，刘世荣．2003. 鄂尔多斯地区两种典型沙质荒漠化阶段微气象特征的比较研究．林业科学 39：9－15。

2004 年

（1）Cheng，X.，S. An，S. Liu，G. Li. 2004. Micro－scale spatial heterogeneity and the losss of carbon，nitrogen and phosphorus on degraded grassland in Ordos Plateau，northwesten China. Plant and Soil 259：29－37；

（2）He，W.，H. Zhang，M. Dong. 2004. Plasticity in fitness and fitness－related traits at ramet and genet levels in a tillering grass *Panicum miliaceum* under patchy soil nutrients. Plant Ecology 172：1－10；

（3）Huang，Z.，M. Dong，Y. Gutterman. 2004. Factors influencing seed dormancy and germination in sand，and seedling survival under desiccation，of *Psammochloa villosa*（Poaceae），inhabiting the moving sand dunes of Ordos，China. Plant and Soil 259：231－241；

（4）Huang，Z.，O. Y. Gutterman. 2004. Value of a mucilaginous pellicle to a seeds of the sand－stabilizing desert woody shrub *Artemisia sphaerocephala*（Asteraceae）. Trees 18：669－676；

(5) Yu, F., M. Dong, B. Krüsi. 2004. Clonal integration helps *Psammochloa villosa* survive sand burial in an inland dune. New Phytologist 162: 697-704;

(6) Zheng, Y., Y. Gao, P. An. 2004a. Germination characteristics of *Agriophyllum squarrosum*. Canadian Journal of Botany 82: 1662-1670;

(7) Zheng, Y., Z. Xie, Y. Gao, L. Jiang, S. Hideyuki, T. Kazuo. 2004b. Germination responses of *Caragana korshinskii* Kom. to light, temperature and water stress. Ecological Research 19: 553-558;

(8) 崔燕，吕贻忠，李保国. 2004. 鄂尔多斯沙地土壤生物结皮的理化性质. 土壤 36: 197-202;

(9) 高丽锋，邓馨，王洪新，胡志昂. 2004. 毛乌素沙地中间锦鸡儿根瘤菌的多样性及其抗逆性. 应用生态学报 15: 44-48;

(10) 姜联合，王建中，郑元润，胡隐樵，孙菽芬. 2004. 鄂尔多斯高原退化生态系统恢复与区域经济发展. 干旱区研究 21: 144-149;

(11) 刘凤红，刘建，董鸣. 2004. 鄂尔多斯高原沙地植被和两种优势克隆半灌木的空间格局. 生态学报 24: 2374-2381;

(12) 吕贻忠，杨佩国. 2004. 荒漠结皮对土壤水分状况的影响. 干旱区资源与环境 18: 76-79;

(13) 史作民，刘世荣，程瑞梅. 2004. 内蒙古鄂尔多斯地区四个植物群落类型的土壤碳氮特征. 林业科学 40: 21-27。

2005 年

(1) Yu, Y., P. Shi, C. Lu, Y. Zheng, H. Shimizu. 2005. Ecophysiological responses of rice to sandmoving air currents. Phyton 45: 595-600;

(2) Zheng, Y., G. M. Rimmington, Y. Gao, L. Jiang, X. Xing, P. An, K. El-Sidding, H. Shimizu. 2005a. Germination characteristics of *Artemisia ordosica* (Asteraceae) in relation to ecological restoration in northern China. Canadian Journal of Botany 83: 1021-1028;

(3) Zheng, Y., Z. Xie, Y. Gao, L. Jiang, X. Xing, H. Shimizu, G. M. Rimmington. 2005b. Effects of light, temperature and water stress on germination of *Artemisia sphaerocephala*. Annals of Applied Biology 146: 327-335;

(4) Zheng, Y., Z. Xie, Y. Gao, Y. Yu, H. Shimizu. 2005c. Influence of light, temperature and water stress on germination of *Hedysarum fruticosum*. South African Journal of Botany 71: 167-172;

(5) Zheng, Y., Z. Xie, L. Jiang, L. Chen, Y. Yu, G. Zhou, H. Shimizu. 2005d. Model of the net primary productivity of terrestrial ecosystems in China and its response to climate change. Phyton 45: 193-200;

(6) Zheng, Y., Z. Xie, L. Jiang, Y. Wu, H. Shimizu. 2005e. Model simulation and comparison of the ecological characteristics of three degraded grassland types in China. Belgian Journal of Botany 138: 109-118;

(7) 黄振英，董鸣，张淑敏. 2005. 沙鞭（禾本科）种子在沙丘上的萌发策略及幼苗的耐干燥特性. 生态学报 25: 298-303;

(8) 刘凤红，刘建，董鸣. 2005. 毛乌素沙地优势克隆半灌木生物量配置对小尺度植被盖度变异的响应. 生态学报 25: 3415-3419;

(9) 聂春雷，郑元润. 2005a. 鄂尔多斯高原 4 种主要沙生植物种子萌发与出苗对水分和沙埋的响应. 植物生态学报 29: 32-41;

（10）聂春雷，郑元润．2005b. 浑善达克沙地荒漠化原因探析——以正蓝旗为例．吉林农业大学学报 27：183－189；

（11）渠晓霞，黄振英．2005. 盐生植物种子萌发对环境的适应对策．生态学报 25：2389－2398；

（12）朱雅娟，董鸣，黄振英．2005. 沙埋和种子大小对固沙禾草沙鞭的种子萌发与幼苗出土的影响．植物生态学报 29：730－739。

2006 年

（1）Chen，J.，N. Lei，D. Yu，M. Dong. 2006. Different effects of clonal intergration on performance in the stoloniferous herb *Duchesnea indica*，as growing at two sites with different altitude. Plant Ecology 183：147－156；

（2）Ye，X.，F. Yu，M. Dong. 2006. A trade－off between guerrilla and phalanx growth forms in *Leymus secalinus* under different nutrient supplies. Annals of Botany 98：187－191；

（3）刘凤红，叶学华，于飞海，董鸣．2006. 毛乌素沙地游击型克隆半灌木羊柴对局部沙埋的反应．植物生态学报 30：278－285；

（4）吕贻忠，胡克林，李保国．2006. 毛乌素沙地不同沙丘土壤水分的时空变异．土壤学报 43：152－154；

（5）郑明清，郑元润，姜联合．2006. 毛乌素沙地 4 种沙生植物种子萌发及出苗对沙埋及单次供水的响应．生态学报 26：2474－2483；

（6）朱雅娟，董鸣，黄振英．2006. 沙丘植物种子萌发和幼苗生长对沙丘环境的适应机制．应用生态学报 17：137－142。

2007 年

（1）Li，C.，C. Xiao. 2007. Above－and belowground biomass of *Artemisia ordosica* communities in three contrasting habitats of the Mu Us desert，northern China. Journal of Arid Environments 70：195－207；

（2）Liu，F.，J. Liu，F. Yu，M. Dong. 2007a. Water integration patterns in two rhizomatous dune perennials of different clonal fragment size. Flora 202：106－111；

（3）Liu，F.，F. Yu，W. Liu，B. Kr si，X. Cai，J. Schneller，M. Dong. 2007b. Large clones on cliff faces：expanding by rhizomes through crevices. Annals of Botany 100：51－54；

（4）Liu，H.，F. Yu，W. He，Y. Chu，M. Dong. 2007c. Are clonal plants more tolerable to grazing than co－occurring non－clonal plants in inland dunes? Ecological Research 22：502－506；

（5）Qu，R.，X. Li，Y. Luo，M. Dong，H. Xu，X. Chen，A. Dafni. 2007. Wind－dragged corolla enhances self－pollination：a new mechanism of delayed self－pollination. Annals of Botany 100：1155－1164；

（6）Zhao，J.，X. He. 2007. Arbuscular mycorrhizal fungi associated with the clonal plants in Mu Us sandland of China. Progress in Natural Science 17：1296－1302；

（7）Zhu，Y.，M. Dong，Z. Huang. 2007. Caryopsis germination and seedling emergence in an inland dune dominant grass *Leymus secalinus*. Flora 202：249－257；

（8）慈龙骏，杨晓晖，张新时．2007. 防治荒漠化的“三圈”生态-生产范式机理及其功能．生态学报 27：1450－1460；

（9）董鸣，于飞海．2007. 克隆植物生态学术语和概念．植物生态学报 31：689－694；

（10）董鸣，于飞海，安树青，何维明，梁世楚．2007. 植物克隆性的生态学意义．植物生态学报 31：549－551；

（11）梁世楚，张淑敏，于飞海，董鸣．2007. 绢毛匍匐委陵菜与土壤有效磷的小尺度空间相关分析．植物生态学报 31：613－618；

（12）蒙艳华，徐环李．2007. 海切叶蜂的筑巢和访花行为．昆虫学报 50：1247－1254；

（13）蒙艳华，徐环李，陈轩，蔡青年．2007. 塔落岩黄芪主要传粉蜂的传粉效率研究．生物多样性 15：633－638；

（14）张淑敏，于飞海，董鸣．2007. 土壤养分水平影响绢毛匍匐委陵菜匍匐茎生物量投资．植物生态学报 31：652－657；

（15）朱雅娟，阿拉腾宝，董鸣，黄振英．2007. 养分与水分对羊柴种群有性与克隆繁殖权衡的影响．植物生态学报 31：658－664。

2008 年

（1）Huang，Z.，I. Boubriak，M. Dong，Y. Gutterman，D. J. Osborne. 2008. Possible role of pectin－containing mucilage and dew in repairing embryo DNA of seeds adapted to desert conditions. Annals of Botany 101：277－283；

（2）Li，P.，N. Wang，W. He，B. O. Krusi，S. Gao，S. Zhang，F. Yu，M. Dong. 2008. Fertile islands under *Artemisia ordosica* in inland dunes of northern China：effects of habitats and plant developmental stages. Journal of Arid Environments 72：953－963；

（3）Wang，N.，F. Yu，P. Li，W. He，F. Liu，J. Liu，M. Dong. 2008a. Clonal integration affects growth，photosynthetic efficiency and biomass allocation，but not the competitive ability，of the alien invasive *Alternanthera philoxeroides* under severe stress. Annals of Botany 101：671－678；

（4）Wang，Y.，W. He，M. Dong，F. Yu，L. Zhang，Q. Cui，Y. Chu. 2008b. Effects of shanking on the growth and mechanical properties of *Hedysarum laeve* may be independent of water regimes. International Journal of Plant Sciences 169：503－508；

（5）Yu，F.，N. Wang，W. He，Y. Chu，M. Dong. 2008. Adaptation of rhizome connections in drylands：increasing tolerance of clones to wind erosion. Annals of Botany 102：571－577；

（6）房世波，冯凌，刘华杰，张新时，刘建栋．2008a. 生物土壤结皮对全球气候变化的响应．生态学报 28：3312－3321；

（7）房世波，刘华杰，张新时，董鸣，刘建栋．2008b. 干旱、半干旱区生物土壤结皮遥感光谱研究进展．光谱学与光谱分析 28：1842－1845；

（8）满梁，张新时，苏日古嘎．2008. 鄂尔多斯蒙古族敖包文化和植物崇拜文化对保育生物多样性的贡献．云南植物研究 30：360－370；

（9）蒙艳华，徐环李．2008. 双斑切叶蜂的筑巢习性．昆虫学报 51：1170－1176；

（10）吴建波，阮维斌，谢凤行，李晶，高玉葆．2008. 毛乌素沙地三种植物根际土壤线虫群落和多样性分析．生物多样性 16：547－554。

2009 年

（1）Jin，Z.，Y. Dong，Y. Qi，M. Domroes. 2009. Precipitation pulses and soil CO_2 emission in desert shrubland of *Artemisia ordosica* on the Ordos Plateau of Inner Mongolia，China. Pedosphere 19：799－807；

（2）Li，C.，O. J. Sun，C. Xiao，X. Han. 2009. Differences in net primary productivity among contrasting habitats in *Artemisia ordosica* rangeland of northern China. Rangeland Ecology & Management 62：345－350；

（3）Wang，Y.，W. He，F. Yu，L. Zhang，Q. Cui，Y. Chu，M. Dong. 2009. Brushing effects on the growth and mechanical properties of *Corispermum mongolicum* vary with water regimes. Plant Biology 11：694－700；

（4）Zhu，Y.，M. Dong，Z. Huang. 2009. Response of seed germination and seedling growth to sand burial of two dominant perennial grasses in Mu－Us sandy grassland，semiarid China. Rangeland Ecology & Management 62：337－344；

（5）白桦，郑元润 . 2009. 毛乌素沙地籽蒿种子萌发对光照的反应 . 生态学报 29：2646－2654；

（6）山宝琴，贺学礼，段小圆 . 2009. 毛乌素沙地密集型克隆植物根围 AM 真菌多样性及空间分布 . 草业学报 18：146－154。

2010 年

（1）Gao，S.，X. Ye，Y. Chu，M. Dong. 2010. Effects of biological soil crusts on profile distribution of soil water，organic carbon and total nitrogen in Mu Us Sandland，China. Journal of Plant Ecology 3：279－284；

（2）Jin，Z.，Y. Dong，Y. Qi，Z. An. 2010. Soil respiration and net primary productivity in perennial grass and desert shrub ecosystems at the Ordos Plateau of Inner Mongolia，China. Journal of Arid Environments 74：1248－1256；

（3）Lai，L.，Y. Zheng，H. Bai，Y. Yu，P. An，X. Li，G. M. Rimmington，H. Shimizu. 2010. Strong light inhibits germination of *Artemisia sphaerocephala* and *A. ordosica* at low temperature and its relevance to revegetation in sandy lands of Inner Mongolia，China. Ecological Research 25：771－780；

（4）Li，S.，M. J. A. Werger，P. A. Zuidema，F. Yu，M. Dong. 2010a. Seedlings of the semi－shrub *Artemisia ordosica* are resistant to moderate wind denudation and sand burial in Mu Us sandland，China. Trees 24：515－521；

（5）Li，S.，P. A. Zuidema，F. Yu，M. J. A. Werger，M. Dong. 2010b. Effects of denudation and burial on growth and reproduction of *Artemisia ordosica* in Mu Us sandland. Ecological Research 25：655－661；

（6）Li，Y.，X. He，L. Zhao. 2010c. Tempo－spatial dynamics of arbuscular mycorrhizal fungi under clonal plant *Psammochloa villosa* Trin. Bor in Mu Us sandland. European Journal of Soil Biology 46：295－301；

（7）Liu，G.，G. T. Freschet，X. Pan，J. H. C. Cornelissen，Y. Li，M. Dong. 2010. Coordinated variation in leaf and root traits across multiple spatial scales in Chinese semi－arid and arid ecosystems. New Phytologist 188：543－553；

（8）Wang，Y.，F. Yu，M. Dong，X. Lin，H. Jiang，W. He. 2010. Growth and biomass allocation of *Lolium perenne* seedlings in response to mechanical stimulation and water availability. Annals of Botany Fennci 47：367－372；

（9）Yang，X.，Z. Huang，M. Dong. 2010. Role of mucilage in the germination of *Artemisia sphaerocephala* （Asteraceae） achenes exposed to osmotic stress and salinity. Plant Physiology & Biochemistry 48：131－135；

（10）Yu，F.，N. Wang，W. He，M. Dong. 2010. Effects of clonal integration on species composition and biomass of sand dune communities. Journal of Arid Environments 74：632－637；

（11）贺学礼，李英鹏，赵丽莉，刘雪伟 . 2010. 毛乌素沙地克隆植物沙鞭生长对 AM 真菌生态分布的影响 . 生态学报 30：751－758；

（12）李文婷，张超，王飞，郑明清，郑元润，张峰 . 2010. 沙埋与供水对毛乌素沙地两种重要沙生植物幼苗生长的影响 . 生态学报 30：1192－1199；

（13）王艳红，何维明，于飞海，江洪，余树全，董鸣 . 2010. 植物响应对风致机械刺激研究进展．生态学报 30：794－800；

（14）杨俊伟，徐环李，胡红岩．2010a. 沙地毛足蜂筑巢生物学研究．昆虫学报 53：442－448；

（15）杨俊伟，徐环李，孙洁茹，胡红岩，李燕．2010b. 大和切叶蜂对其蜜源植物披针叶黄华的盗蜜行为．昆虫学报 53：1015－1021；

（16）张新时．2010. 关于生态重建和生态恢复的思辨及其科学涵义与发展途径．植物生态学报 24：112－118；

（17）赵金莉，贺学礼．2010. 毛乌素沙地克隆植物生长对 AM 真菌多样性和菌根形成的影响．生态学报 30：1349－1355。